Sathish I C
Ranjeth Kumar Reddy Thimmapuram
Jagadeesha Angadi V

Metal de Transição e nanopartículas de CuFe2O4 com Dopagem de Terra Rara

Sathish I C
Ranjeth Kumar Reddy Thimmapuram
Jagadeesha Angadi V

Metal de Transição e nanopartículas de CuFe2O4 com Dopagem de Terra Rara

Um Estudo Extensivo das Propriedades Físicas

ScienciaScripts

Imprint

Any brand names and product names mentioned in this book are subject to trademark, brand or patent protection and are trademarks or registered trademarks of their respective holders. The use of brand names, product names, common names, trade names, product descriptions etc. even without a particular marking in this work is in no way to be construed to mean that such names may be regarded as unrestricted in respect of trademark and brand protection legislation and could thus be used by anyone.

Cover image: www.ingimage.com

This book is a translation from the original published under ISBN 978-620-5-52873-0.

Publisher:
Sciencia Scripts
is a trademark of
Dodo Books Indian Ocean Ltd. and OmniScriptum S.R.L publishing group

120 High Road, East Finchley, London, N2 9ED, United Kingdom
Str. Armeneasca 28/1, office 1, Chisinau MD-2012, Republic of Moldova, Europe
Printed at: see last page
ISBN: 978-620-5-66671-5

Papel do metal de transição e dos elementos de terras raras no CuFe O_{24} nanopartículas

Por

Dr. Sathisha I C, Dr. T. Ranjeth Kumar Reddy, Dr. Jagadeesha Angadi V

ÍNDICE

Abstrato

CuFe O_{24} ferrite doped com terra rara (Eu^{3+}) e iões de metal de transição (Sc^{3+})
foram estudados pelas suas capacidades de detecção estrutural, dieléctrica, magnética, e
de humidade. Glucose e ureia foram utilizadas como combustível num processo de
combustão de solução. A difracção de raios X (XRD) e a microscopia electrónica de
varrimento (SEM) foram utilizadas para estudar a estrutura e microestrutura das amostras.
As capacidades de detecção eléctrica, magnética e de humidade foram estudadas
utilizando analisador de impedância, dispositivos supercondutores de interferência
quântica (SQUIDs), e sensores de humidade. Os seis capítulos da tese estão listados
abaixo:

No primeiro capítulo discute-se a introdução geral dos ferritas, classificação dos
ferritas, estrutura dos ferritas, nanopartículas de ferrite para aplicações de sensores de
humidade, levantamento da literatura de selecção de materiais, objectivos do presente
trabalho e organização da tese.

O segundo capítulo discute os detalhes experimentais, os fundamentos teóricos do
procedimento de síntese, e o método utilizado no presente trabalho.

As características de $CuEu_x$ Fe $O_{(2-x)4}$ nanopartículas (onde x está entre 0,00 e
0,03) são discutidas no capítulo três. Foram criadas amostras solúveis de combustão. Os
registos mostram como o Eu3+ afectou os estudos estruturais, morfológicos e
dieléctricos. De acordo com os padrões de XRD do CuEu preparado em estado as-
preparado$_x$ Fe $O_{(2-x)4}$ nanopartículas, que tem uma fase de impureza do CuO mas uma
estrutura cúbica de espinélio policristalino (x = 0,00 a 0,03), isto é validado.Imagens de
microscopia electrónica de varrimento das nanopartículas foram utilizadas para examinar
a aparência da superfície das amostras e para determinar a sua granulometria média. A
fim de identificar a composição química de cada amostra, foram utilizados espectros de

SDE. Para uma gama de frequências entre 0,1 kHz e 1 MHz, a permissividade complexa das amostras foi medida à temperatura ambiente. Isto incluiu testes de condutividade CA, módulo eléctrico, e impedância. As amostras de ferrite de cobre dopada com europium mostraram boa capacidade de reacção à humidade, tempos de alívio e reabilitação, e estabilidade em toda uma gama de percentagem de RH de 11-91 por cento.

No quarto capítulo, explorámos as características estruturais, microestruturais, dieléctricas e magnéticas das nanopartículas. As amostras W foram preparadas utilizando o método de combustão da solução. Os resultados da XRD confirmaram a estrutura cúbica da Spinel com o grupo espacial Fd3m. Para x = y = 0,00, 0,01, 0,02, e 0,03 concentrações, o tamanho médio dos cristais foi determinado como sendo entre 25 e 10 nm. A aglomeração de partículas foi detectada pela primeira vez utilizando SEM. As composições químicas das amostras foram determinadas pela utilização de espectroscopia de raios X dispersiva de energia nesta investigação (EDS). As vibrações de estiramento de ligação metal-oxigénio Cu-O e as vibrações de estiramento de ligação metal-oxigénio Fe-O podem ser observadas utilizando FTIR (espectroscopia de Fourier por infravermelhos de transformação). Faixas de absorção a 554,07 e 468,98 cm-1 foram manchadas devido a elas. Estudámos a constante dieléctrica, a tangente de perda dieléctrica, a condutividade, bem como a espectroscopia de impedância em frequências entre 0,1 KHz e 1MHz. A constante dieléctrica e a perda têm os seus valores mais elevados numa gama de frequências mais apertada, e à medida que a frequência aumenta, estes valores diminuem. A condutividade CA aumenta à medida que a frequência aumenta. Os espectros de impedância foram estudados em relação à frequência. Os espectros de impedância derivados de Cole-Cole mostram um semicírculo para cada amostra. O feromagnetismo é revelado através do laço de histerese magnética. A concentração elevada de Eu3+ e Sc3+ resulta numa diminuição da saturação, coercividade e características de magnetização de remanência.

No quinto capítulo, vamos falar sobre uma variedade de tópicos. O $CuBi_x Fe O_{(2-x)4}$ (onde, $x = 0,00$ a $0,03$) nanopartículas foram geradas pela combinação de glucose e carbamida como combustível. A estrutura cúbica da spinel com o grupo espacial Fd3m foi encontrada nos materiais investigados pela análise de XRD. De acordo com a investigação, o tamanho médio dos cristais é em nanómetros. Para além do parâmetro da malha, também calculámos o volume, a tensão e os comprimentos de lupa. Os micrografos electrónicos de transmissão (TEM) revelaram a presença de conurbações. O padrão SAED mostra que o material é policristalino. Dois modelos de sub-lattice da Neel podem explicar as propriedades magnéticas da ferrite espinélica. Ao substituir os iões Bi^{3+}, os autores descobriram que a queda observada na magnetização se deve à ocupação de catiões e ao movimento em/de locais B. Foram feitas estimativas para parâmetros magnéticos como saturação e magnetização remanente (Mr), bem como para os campos de coercividade e remanência (Hc e S), bem como para os anisotropia uniaxial e cúbica (Ku e Kc). O aumento da concentração de Bi^{3+} melhora tanto a resistência como a detecção da humidade. A dessorção leva mais tempo do que a adsorção para terminar devido a isto. Com 97 por cento de RH, a amostra foi restaurada a um RH de 11% após um tempo de detecção de 73 segundos e um tempo de recuperação de 36 segundos, respectivamente. Entre 99 e 33% de HR, a resposta da amostra de humidade é muito consistente.

Com base nas discussões dos capítulos anteriores sobre as respostas estruturais, microestruturais e magnéticas da ferrite Eu e Sc doped Cu, este capítulo visa fornecer uma visão geral da investigação sobre estas propriedades e como se relacionam com as aplicações dos sensores de humidade, bem como as futuras direcções para o campo.

Palavras-chave: Método de combustão da solução, difracção de raios X, microscopia electrónica de varrimento, sensores de humidade.

Lista de Abreviaturas

XRD	: X-ray diffraction
SEM	: Scanning electron microscopy
EDX	: Energy dispersive X-ray spectroscopy
FTIR	: Fourier transform infrared spectroscopy
SQUID	: Superconducting quantum interference device
VSM	: Vibrating sample magnetometer
M-H	: Field dependent magnetization
K_T	: Force constant value at the tetrahedral site
K_O	: Force constant value at the octahedral site
nm	: Nanometer
mm	: Millimeter
cm	: Centimeter
μm	: Micrometer
Y-K	: Yafet-Kittel
M_s	: Saturation magnetization
M_r	: Remanent magnetization
H_c	: Coercivity
T_c	: Curie temperature
ε'	: Real part of dielectric constant
ε''	: Imaginary part of dielectric constant
$\tan \delta$	: Dielectric loss tangent

Capítulo 1

1. Introdução

1.1. Introdução aos ferrites

Os ferritas são materiais ferrignéticos feitos principalmente de óxido de ferro. A fórmula típica para ferrite é $AB\,O_{24}$, onde A representa +2 (divalentes) iões de metal (Cu, Zn, Co) e B representa +3 (trivalentes) iões de metal (Fe, Cr) [1]. De acordo com a história da ferrite, Yogoro Kato e Takeshi Takei sintetizaram o produto fundamental da ferrite em 1930 no Instituto para o Progresso de Tóquio. Isto levou à construção da TDK Undertaking em 1935, para fabricar os Materiais. O hexaferrite de bário foi encontrado em 1950 no Laboratório Natuurkundig da Philips [1]. A revelação foi a alguns graus por coincidência devido a um engarrafamento por um cúmplice que foi montado para estar a organizar um teste de ferrite lantanídrica para uma reunião, olhando para a sua utilização como um tecido semicondutor. Ao descobrirem que era um tecido verdadeiramente sedutor, e ao afirmarem a sua estrutura por cristalografia de raios X, passaram-na para o grupo de examinadores sedutores. O hexaferrite de bário tem tanto alta coercividade como custos de textura moo não refinados. Foi feito como coisa pela Philips Businesses e a partir de 1952 foi exposto sob o título comercial Ferroxdure. O moo buscado e fantástica execução impulsionada para um rápido aumento dentro dos ímanes duradouros de utilização [2]. Ímanes permanentes, dispositivos de estado sólido, núcleos de transformadores, e elementos de memória de computador são todos exemplos de aplicações de ferrite. Existem várias vantagens dos ferritas, incluindo como forte resistividade eléctrica e estabilidade química, bem como magnetização substancial da saturação [2].

1.2. Tipos de ferritas

Os ferrites são geralmente classificados como "delicados" ou "suaves" ou "duros" com base nas suas qualidades atractivas, que se relacionam com a sua significativa coercividade, respectivamente.

1.2.1. Ferritas macios

Como o seu nome indica, "ferritas moles" referem-se a ferritas com baixa coercividade (tais como os formados em acidentes de histerese), e a sua baixa coercividade significa que a magnetização pode facilmente inverter o curso sem dissipar muita vitalidade (como é o caso da magneto-hidrodinâmica). Como resultado do seu desempenho de baixa frequência, são normalmente utilizados em aplicações tais como alimentação de controlo de modo trocado, transformadores e centros electromagnéticos.

1.2.2. Férritas duras

Os ferritas difíceis têm uma coercividade muito grande e são referidos como tal. Os ferrites com forte coercividade e remanência são utilizados para fazer ímanes. Os óxidos de bário ou de estrôncio são utilizados para a sua fabricação e são prensados. Os ímanes de longa duração beneficiam da expansão da coercividade, que torna os materiais mais resistentes à desmagnetização. Têm também uma elevada porosidade apelativa e conduzem bem um fluxo atractivo. Como resultado, estes "ímanes de cerâmica" são capazes de armazenar gamas mais aliciantes e aliciantes do que a prensa. O seu baixo custo torna-os uma escolha popular para coisas domésticas como ímanes de frigoríficos.

1.3. Estrutura Ferrites

A estrutura Spinel deveria começar por ser decidida por Bragg e Nishikawa em 1915. Os cátions ocupam um oitavo do local A (tetraédrico) e um terço das regiões do local B (octaédrico), respectivamente, nesta estrutura cúbica de moléculas de oxigénio, muito apertada. A célula unitária tem oito unidades de condição (partículas) de AB O_{24} em que 32 partículas de oxigénio de uma estrutura cúbica fechada a limpar 96 objectivos intersticiais disponíveis. Destas 96 metas intersticiais, 64 são tetraédricas (A) e 32 são octaédricas (B) e cada área é envolvida por quatro e seis partículas de oxigénio independentemente. Os cursos de actividade das partículas num somatório a ferrite é mostrado na figura 1.1 [1].

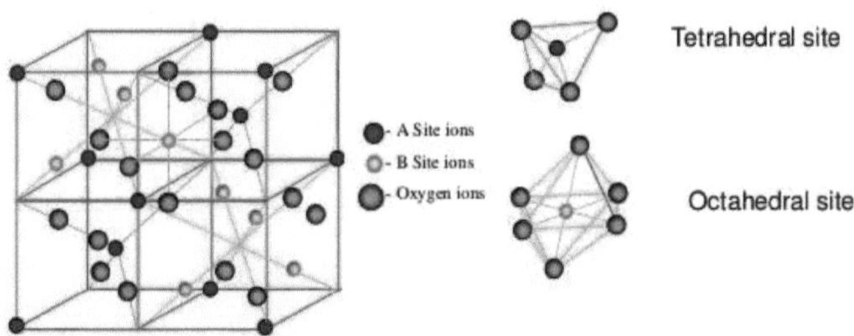

Figura 1.1: Estrutura cristalina da estrutura do espinélio

1.4. Introdução aos Sensores de Humidade

A humidade, ou a quantidade de vapor de H_2O (água) no ar, tem um papel crítico na saúde humana. Para produtos de alta qualidade na indústria, devem ser dadas condições apropriadas de humidade nas linhas de fabrico. A criação de cargas electrostáticas durante o fabrico de têxteis, por exemplo, pode causar a aderência dos materiais. Isto pode ser evitado através da manutenção de um ambiente húmido. O processamento de bolachas de silício num ambiente limpo ou a construção de dispositivos eléctricos numa linha de montagem, por outro lado, requer condições secas. Na agricultura, são necessários níveis adequados de humidade para o crescimento de frutas e vegetais. Os alimentos, algodão e tabaco, por exemplo, requerem condições semelhantes para a sua conservação. Por outras palavras, a monitorização e controlo da humidade é crucial numa vasta gama de contextos, por uma variedade de razões.

Ao longo da história da ciência e da engenharia, têm sido feitos esforços contínuos para medir a humidade [3]. Vários instrumentos para medir a humidade foram concebidos no século 17th , cada um baseado num conceito físico distinto. O higrómetro higroscópico, o higrómetro de ponto de orvalho e o psicrómetro são os exemplos mais comuns destes instrumentos. Em comparação com o equipamento moderno, estes aparelhos são enormes e lentos a responder. No entanto, os seus princípios de funcionamento ainda são utilizados nos instrumentos modernos.

Devido ao seu tamanho minúsculo, baixo custo, baixo consumo de energia e grande desempenho, os sensores de humidade de película fina ou pellets são agora frequentemente utilizados. Os sensores de humidade de película fina empregam uma variedade de abordagens de medição, incluindo métodos resistivos, capacitivos, higrométricos, gravimétricos, e térmicos. Há preocupações com a estabilidade a longo prazo e a resistência química dos sensores de humidade de película fina quando utilizados em condições extremas. Outra desvantagem da maioria dos sensores comerciais de humidade de película fina é a instabilidade a níveis elevados de humidade relativa devido à condensação de água na superfície do sensor.

1.5   Definição e Formulações de Humidade

A humidade é uma métrica de quanto vapor de água está presente na atmosfera. É uma componente da pressão atmosférica global. A quantidade de humidade no ar pode ser calculada utilizando a pressão parcial do vapor de água como um indicador do teor de humidade atmosférica. Todas estas frases são usadas para descrever a quantidade de humidade no ar, como humidade relativa, humidade específica, humidade absoluta, e a razão de mistura.

A densidade do vapor da água é medida em g/m3, que é a forma como a humidade absoluta é declarada.

A humidade específica e a proporção de mistura são mais dois métodos de expressar a quantidade de humidade no ar. A humidade específica mede a relação entre a massa de vapor de água e a massa do ar em que está contida[4].

$$\text{Humidade específica} = \frac{mass\ of\ water\ vapor}{total\ mass\ of\ air} \qquad (1.2)$$

A razão vapor de água/ar seco é calculada dividindo o volume de vapor de água no ar pelo volume de ar seco[4].

$$\text{Razão de mistura} = \frac{mass\ of\ water\ vapor}{mass\ of\ air} \qquad (1.3)$$

A medição directa das quantidades acima mencionadas é muitas vezes impraticável. A humidade relativa é um método básico para descrever a humidade que pode ser utilizada em experiências.

A relação entre a pressão de vapor e a pressão de vapor de água de saturação é conhecida como humidade relativa quando a temperatura está a um determinado nível[4].

$$\text{Humidade relativa} = \frac{water\ vapor\ pressure}{saturation\ water\ vapor\ pressure}$$

$$(1.4)$$

A humidade relativa é uma métrica dependente da temperatura que é normalmente declarada como uma percentagem. O facto de a pressão de vapor de saturação ser uma função da temperatura faz com que a humidade relativa seja dependente da temperatura. A pressão do vapor de saturação aumenta à medida que a temperatura aumenta. Como resultado, se a humidade absoluta do ar se mantiver constante, a humidade relativa cai com o aumento da temperatura.

A temperatura do ponto de orvalho, que é descrita como a temperatura a que o ar deve ser baixado para atingir a saturação enquanto o teor de humidade permanece constante, é outra métrica relacionada com a humidade. A pressão do vapor de saturação cai com a temperatura, portanto é o ponto em que a humidade relativa é 100 por cento. A temperatura do ponto de orvalho é utilizada para determinar a humidade absoluta do ar, utilizando a densidade do vapor de saturação a uma determinada temperatura[5].

1.6 Aplicações de sensores de humidade para ferritas

Como é sabido, os sensores de humidade podem ser feitos a partir de uma série de óxidos metálicos permeáveis. A adsorção de vapor de água pode alterar a condutividade eléctrica superficial dos óxidos metálicos e a constante dieléctrica. Os sensores eficazes de malformação devem ter algumas características críticas: afectabilidade, estabilidade química, reversibilidade, tempo de reacção rápida, longa duração, estabilidade de temperatura. Estes materiais cerâmicos são mais quimicamente e termicamente estáveis do que os materiais poliméricos, tornando-os ideais para utilização em sensores de aderência [6,7]. A afectividade de condutividade-humidade dos sensores cerâmicos é influenciada por uma variedade de factores, incluindo textura, disposição, e circunstâncias de sinterização... As qualidades texturais, a estrutura permeável do teste e o tecido de contacto terminal influenciam o tempo de resposta do sensor de aderência da cerâmica.

Muitos espinafres foram descobertos como sendo sensíveis à pegajosidade e podem ser utilizados como um componente de sensor de fugas. Quando se trata de sensores pegajosos, a porosidade é crítica, e os ferrites têm-na em espadas. Outra vantagem é a alta resistividade das composições ferritas, que pode ser reduzida significativamente quando a viscosidade aumenta... O objectivo deste estudo foi ver como diferentes substituições de metais ou diferentes cátions afectaram a microestrutura e a viscosidade do primeiro MgFe O_{24} , NiFe O_{24} , e CuFe O_{24} ferritas [8-10]. Foi escolhida a influência de dopantes nas características do segmento cruzado, porosidade, grau normal do grão e resistividade eléctrica. As propriedades da humidade foram investigadas para ver como mudaram quando o conteúdo de ferrite mudou. O trabalho de exposição foi feito com ferritas de espinélio policristalinos.

1.7 Motivação

Os ferrites espinélicos têm recebido muito interesse nos últimos anos pela sua utilização como agentes de contraste, tratamento do cancro e portadores de medicamentos, através de hipertermia magnética. Investigadores e Cientistas concentraram-se principalmente no desenvolvimento de novos materiais de detecção baseados em ferrite para servir em várias aplicações industriais, agrícolas e biomédicas [11-18]. Embalagem de alimentos, purificação de gases químicos, medicina e fabrico de têxteis são apenas algumas das aplicações para dispositivos sensores de humidade. Os materiais sensores de humidade podem ser feitos de polímeros, compostos orgânicos e cerâmicos [19, 20]. A utilização de produtos com baixa histerese e alta estabilidade melhora a sua capacidade de detectar alterações na humidade. Para a detecção de humidade, a cerâmica de ferritas do tipo espinélio, tais como ferritas de níquel, ferritas de cobre e zinco e ferritas de manganês e ferritas de magnésio, demonstrou ser a mais eficaz. Entre os diferentes materiais de detecção bem conhecidos, propriedades físicas como alta resistência mecânica, estabilidade mecânica, estabilidade física, e baixo custo fazem dos materiais cerâmicos a melhor escolha para aplicações de sensores de humidade [21, 22]. A terra rara e os metais de transição aumentam a resposta de detecção devido à natureza paramagnética. Assim, escolhemos Eu^{3+}, $Eu\text{-}Sc^{3+3+}$ e Bi^{3+} ferritas de cobre dopado para aplicações de sensores de humidade.

1.8 Inquérito Literário

A abordagem de co-precipitação do oxalato foi utilizada por A. B. Gadkari et al. [23] para produzir o Mg-Cd ferrite nano cristalito. O XRD mostra que todas as amostras produzidas são espinélio cúbico. 27,79 a 30,4nm de diâmetro são tamanhos típicos dos cristais. A resistividade eléctrica DC, uma característica do semicondutor, diminui à medida que a temperatura aumenta. O cádmio aumenta a resistividade eléctrica DC e baixa a temperatura Curie. Quando a humidade relativa aumenta, parece que a resistividade diminui. Todos os testes tiveram um problema com a viscosidade do produto (40 a 70 por cento). Quando a HR aumentou de 40% para 90%, a resistividade eléctrica das amostras substituídas por CD diminuiu em três ordens de magnitude. Todas as amostras recuperaram e responderam dentro do intervalo de 200-300 segundos. composição x = 0,4 teve um tempo de reacção mais curto de 240 segundos.

CoFe O_{24} o coeficiente magnetostrictivo foi examinado por O. F. Caltun et al. [24]. As experiências foram levadas a cabo utilizando o procedimento tradicional de cerâmica em pó. Utilizando uma microscopia electrónica, foram estudadas as microestruturas dos testes. A difracção de raios X foi utilizada para examinar a estrutura do espinélio e a proximidade de fases residuais. Para determinar o efeito da substituição, as experiências foram sujeitas a magnetização por imersão, temperatura Curie, e cálculos de magnetostricção. As qualidades do tecido podiam ser ajustadas para utilização em sensores de estiramento mecânicos magneto, alterando o ingrediente manganês e o procedimento de sinterização.

K. Arshaka et al. [25] foram investigados e fabricaram um sensor de humidade de película espessa de cerâmica, criado a partir de ferrite Mn-Zn. O componente de detecção proposto era uma combinação de saltos de prótons, disseminação de hidrónio e abertura de armadilhas benfeitoras de descarga de electrões na banda de condução. A estrutura do sensor compreendia um aparelho de duas camadas; a camada primária era um condutor interdigitado e a camada do momento era uma camada detectora 30μm grossa. Os efeitos da sinterização das colas detectoras na discussão e no vácuo foram detalhados. A amostra queimada a ar mostrou a mais notável afectabilidade de aderência e a mais reduzida sensibilidade à temperatura. O teste de colagem a vácuo teve a mais reduzida sensibilidade à pegajosidade e a mais elevada sensibilidade à temperatura. A eficácia demonstrada demonstrou que o teste a ar comprimido tinha o principal potencial para ser utilizado em aplicações de detecção de aderência.

Foi demonstrado que o tungsténio tem um efeito sobre as características dos ferrites Cu-Zn utilizados nos sensores de malformação[26]. Foi utilizada uma técnica de síntese de sol gel para preparar o Cu Zn $W_{0.50.50.3}$ Fe $O_{1.74}$ ferrite. Os testes individuais de ferritas foram sinterizados durante 30 minutos a 1200°C, 1000°C e 800°C. Para identificar composições de fase e estrutura cristalina, foram utilizados XRD e microscopia electrónica. As características eléctricas de Cu Zn $W_{0.50.50.3}$ Fe $O_{1.74}$ ferritas de espinélio foram caracterizadas e avaliadas depois de tratadas termicamente a várias temperaturas e níveis de humidade. As características dos sensores resistivos e capacitivos foram estudadas utilizando Cu Zn $W_{0.50.50.3}$ Fe $O_{1.74}$ como um tecido dinâmico como uma aplicação do tecido.

Qu et al. [27] utilizaram um sistema de solução aquosa utilizado para fazer ZnFe O_{24} microesferas de concha dupla. Os parâmetros de sinterização foram propostos para efectuar a estrutura do ZnFe O_{24} deste estudo. A esfera oca de concha dupla ZnFe O_{24} tinha maior cristalina e maior superfície do que as outras duas concepções, que não podem operar o sensor a baixa temperatura mas também melhorar as características de detecção à acetona. A reacção de detecção a 5 partes por milhão de acetona é de 2,6 a 206 °C, com tempos de recuperação/resposta de 10 e 6 segundos, respectivamente. O limite de detecção da acetona foi de 0,13 ppm, substancialmente abaixo tanto do nível de 20.000 ppm de risco de vida e de saúde como do limiar de detecção para o diagnóstico de diabetes (0,8 ppm).

Wang et al. [28] utilizaram uma técnica hidrotérmica a baixa temperatura para fazer ZnO/ ZnFe O_{24} nanomateriais. Na sequência deste procedimento, um tubo de alumina foi revestido com eléctrodos e fios de ouro e platina e o chorume composto. No compósito ZnFe2O4/ZnO havia uma estrutura em forma de bastão com um diâmetro de 9,4-34,7 nm. O melhor desempenho de detecção foi facilitado pela microestrutura deste compósito heterogéneo unidimensional. O desempenho do sensor ZnFe2O4 de álcool N-butílico foi excelente com 14% de humidade relativa e 260 graus Celsius, com períodos de resposta e recuperação rápidos.

Três lavagens com solução de nitrato férrico de produtos ZnO, Liu et al. [29] produziram ZnFe2O4/Zno por recozimento a 500°C durante 2 horas no ar depois dos produtos ZnO terem sido obtidos. Foram encontradas nanopartículas de ZnFe2O4 ligadas ao ZnO floral na morfologia do composto produzido. Com a sua microestrutura floral Zno de baixo aglomerado, efeito sinergético e heterojunção no contacto interfacial ZnO/ZnFe2O4, o sensor tem uma maior capacidade de detecção de acetona. Em termos de tempo de resposta e tempo de recuperação, tinha uma maior taxa de resposta e era mais rápido... Além disso, com uma resposta de 1,3, o sensor foi capaz de detectar 1 ppm de acetona.

Richa Srivastava [30] explorou o NiFe O -Fe2423 -NiO Onanocomposto e o seu potencial como um sensor de gás de petróleo condensado. Para caracterizar o tecido organizado foram utilizadas lentes filtrantes de aumento de electrões e difractómetro de raios X. A disposição de ferrite de níquel, óxidos férricos e de níquel foi revelada por difracção de raios X. Descobriu-se que a medição normal do cristalito do tecido era de 4,62 nm. O tecido da natureza do tipo poroso com uma variedade de regiões dinâmicas é demonstrado em imagens SEM. Foram utilizadas técnicas de serigrafia para criar um revestimento espesso de material, que foi depois testado expondo-o a gás de petróleo condensado. Variações na resistência do filme ao longo do tempo para várias concentrações de GPL reportadas à temperatura ambiente (28°C). O nível mais elevado de sensibilidade foi descoberto a 5733 para 4 por cento vol. de GPL. Este teste revelou que o tecido nanocomposto sintetizado era um tecido promissor para o sensor de GPL.

Segundo a investigação de Ahmad Gholizadeh [31], os espectros EDX das amostras Mg0.3-xBaxCu0.2Zn0.5Fe2O4 apresentam uma concordância extremamente elevada com as suas quantidades absolutas dos elementos Ba, Zn, Cu2, Fe, Mg, e O, que corroboram a síntese eficaz destas nanopartículas. A estrutura cúbica do spinel foi verificada por duas bandas de 1 e 2 bandas que aparecem no espectro FTIR das amostras, as quais estão na sua maioria ligadas a vibrações de metal-oxigénio nas gamas de 400 e 600 cm-1, respectivamente O íon Ba2+ é inicialmente substituído na posição octaédrica durante este processo de substituição.

Usando o método sol-gel, Durrani et al. [32] descobriram que no MgFe2O4 nanopartículas, Fe3+ é encontrado tanto no local A como no B, mas Mg2+ é predominantemente encontrado no local B. Valores constantes dieléctricos elevados são produzidos na gama de baixa frequência pela polarização entre os interiores e a estrutura dos grãos, enquanto que as fronteiras dos grãos são mais essenciais na região de média frequência.

As propriedades dieléctricas e de transporte eléctrico dos ferritas nanocristalinos de cobre dopados Er3+ foram estudadas por Kakade et al [33]. O objectivo desta investigação é produzir um largo espectro de iões Erbium (Er^{3+}) dopados que causaram efeitos no CuFe O_{24}'s propriedades magnéticas, dieléctricas, e estruturais.

Y. Xu e J. Luo examinaram as características de absorção magnética do ferrite de estrôncio dopado com Sm^{3+} e Er^{3+} [34, 35]. Os nanocompósitos de hidrogel que incluem nanopartículas de ferrite Zn Co-doped para modificação da libertação de drogas em campo foram divulgados por Tenorio-Neto et al. [36] pelas suas propriedades magnéticas.

Este estudo foi conduzido por Su-won Yang e colegas [37] para investigar o efeito da temperatura de calcinação na microestrutura e propriedades magnéticas das amostras. Utilizaram um processo de síntese sol-gel para criar ferritas de espinélio

Ni0,3Zn0,3Cu0,4Fe2O4 nanosized. A magnetização de saturação (Ms) aumentou de 54,8 emu/g para 58,6 emu/g quando a temperatura de calcinação foi aumentada.

Foi demonstrado que a concentração de dopante aumenta à medida que a magnetização da saturação (Ms) e o momento magnético (Mm) diminuem no trabalho de Rohit Jasrotia et al. [38], que fizeram ferritas nanosized spinel dopados com $Ag1+/Mn2+/Cr3+$ usando o método sol-gel (nB).

Os ferritas de cobre (In) dopados foram produzidos pela técnica sol-gel por Muhammad Junaid et al. [39]. As taxas de quadratura da magnetização de saturação (Ms) e coercividade (Hc), bem como a constante de anisotropia e o magnetão de Bohr, diminuem à medida que a concentração de iões In3+ aumenta.

R.K. Kotnala et al. [40] investigaram a espectabilidade da humidade de $Mg_{1-x}\,Li_x\,Fe\,O_{24}$ testes estruturados por respostas de estado forte de antecedentes inorgânicos. As investigações de XRD e o exame espectroscópico de FT-IR confirmaram a estrutura cúbica do espinélio. Micrografias electrónicas filtradas revelaram dispersão de grânulos de tamanho nanométrico. Usando nanopartículas de iões de lítio como substituto, o tamanho estimado do grão diminuiu de 200 para 110 nm. Com um tempo médio de reacção de 180 segundos, uma amostra com um valor x de 0,4 foi encontrada como sendo a mais atrasada. A razão para usar iões mais pequenos de Li^{1+} em vez de partículas de Mg^{2+} foi para aumentar o número de falhas e a porosidade na estrutura. A substituição das partículas de lítio melhorou a organização dos grãos mais pequenos de $MgFe\,O_{24}$, resultando num aumento do alcance da superfície e em características de detecção de fissuras refinadas, de acordo com as descobertas. A distribuição de poros abertos foi vista para encurtar o tempo de reacção. As reacções de malformação dos testes foram investigadas com base na componente de condução e microestrutura de tais materiais de ferrite permeáveis.

Os sensores de Mugginess construídos de cerâmica contendo Ni(Al,Fe)2O4-TiO2 foram examinados por L. Wu et al. [41] para determinar a sua resistência eléctrica. Formaram-se estruturas porosas de espinélio após a sinterização no corpo cerâmico. O vapor de água é facilmente retido e desorbs através dos poros da cerâmica porosa, e a assimilação da água melhora a condutividade eléctrica. O processo de condução iónica foi identificado nesta estrutura cerâmica. Em termos de movimento de humidade e tempo de resposta para áreas pegajosas, a cerâmica permeável $Ni(Al,Fe) O -TiO_{242}$ tem um valor elevado (menos de 40s). $Ni(Al_{0.875} Fe_{0.125})O_4$ -5 mol % TiO_2 tem a mais notável afectabilidade entre os casos estudados.

A.Cavalieri et al. [42] utilizaram a serigrafia para arranjar camadas espessas de ferritas de lantânio-doce para colocação pegajosa à temperatura ambiente. Para começar, os pós foram analisados utilizando XRD, SEM e BET. Todas as composições foram bem sucedidas na identificação de malformações e tiveram boa reprodutibilidade em algumas estimativas, após terem sido tratadas termicamente durante 1 hora a 800, 900, e 1000°C. Uma das realizações deste projeto foi a utilização de $La_{0.8} Sr_{0.2} Fe_{1-x} Cu O_{x3}$ - sensores de estado forte em processos industriais e estruturas de talk-condicioning para controlar programticamente ambientes vivos nos quais o peso da água fracionada é crucial.

P. Chauhan et al. [43] examinaram as propriedades de detecção de humidade do nanocristalino $-Fe O_{23}$ numa gama de temperaturas de 30 a 100°C. Foi utilizada a fiação por sol para preparar as folhas nanocristalinas -Fe O_{23} . A alteração das temperaturas de têmpera alterou a microestrutura e o tamanho do grão destas películas. O cabo sol pode ser um procedimento químico que permite um controlo autónomo eficaz dos tecidos. O sol-processo tem várias vantagens, incluindo homogeneidade, excelente controlo da composição e, processamento a baixa temperatura. O desenvolvimento de sensores de película magra foi fundado na inovação de circuitos integrados e tem uma variedade de vantagens, incluindo alta uniformidade, baixa utilização de controlo, moo take a hit, melhoria da qualidade inabalável na produção em massa, e integração. Observou-se que a reacção entre a água e a prensa de corte transversal é reversível, indicando que as películas podem ser reutilizadas.

Dois tipos de sensores de humidade resistiva foram desenvolvidos utilizando copolímeros mutuamente reticuláveis de novo tipo e resina epoxídica contendo iões de amónio quaternário. Na gama de humidade de 30 a 90% de humidade relativa, a impedância deste último tipo varia de 755 a 2,52 k. A resiliência e estabilidade da água pode ser aumentada por métodos de reticulação a um baixo custo ao longo do tempo (300 dias). Além disso, estes dispositivos podem responder em menos de 75 segundos a mudanças na humidade de 33 a 94 por cento de HR. Os nanocompósitos de NaPSS e de óxido de zinco foram sintetizados em laboratório. Mais de 11-97% HR, um sensor de humidade de película fina desenvolvido por Li e colegas100 tem uma gama de sensibilidade de quatro ordens de magnitude, pouca histerese (menos de 2% HR), e um tempo de reacção rápida [2 s de absorção seguido de 2 s de dessorção]. Foram também mostrados sensores de humidade condutimétrica usando óxido de perovskite condutor de prótons (Ba3Ca118Nb182O9-BCN18). 101 Amostras densas e porosas de óxido de perovskite deficiente em oxigénio foram geradas pela sinterização de pólvora compacta de pós calcinados. O material espesso tinha uma resposta temporal 5-6 vezes mais rápida do que o poroso. A resposta rápida do material poroso sugere que a BCN18 porosa pode ser utilizada como material de detecção num sensor de humidade condutimétrico. Os desenhos MIS baseados em silício poroso foram utilizados para criar materiais de detecção de humidade. Tentativas foram feitas para descobrir como um sensor detecta os níveis de humidade. As propriedades de corrente-tensão (I-V) destes materiais podem ser utilizadas para detectar a humidade.

Os ferritas espinelados têm sido utilizados no armazenamento de ferrofluidos e informação magnética, refrigeração magnética, e ressonância magnética [44]. H Mamiya et al. [45] examinaram o efeito magneto-calórico na ferrite espinélica. A película fina nanocomposta de espinel-ferrite foi estudada por Chapelle et al. [46]. Verificaram que a película fina pode ser utilizada para detectar CO2 numa variedade de aplicações, incluindo dispositivos de microondas [47], catalisadores [48], hastes de antena [49], núcleos de transformador [50], chips de memória [51], e núcleos de transformador [50]. Por ser uma amostra a granel, não tem propriedades notáveis, tais como considerável anisotropia, magnetização de alta saturação, ou alta coercividade [52, 53]. Entre as vantagens da utilização de nanopartículas em aplicações de gravação magnética estão a sua excelente estabilidade física e química, bem como a sua capacidade de suportar campos magnéticos elevados [54-56].

Novos sensores de humidade, particularmente aqueles com componentes nanoescópicos, mostram resultados promissores com uma elevada dedicação à precisão e à relação custo-eficácia no campo da investigação e da indústria. Em qualquer caso, ainda há problemas a resolver quando se trata de melhorar a competência dos sensores e as características de reacção em cenários do mundo real. De acordo com a revisão bibliográfica, os investigadores fizeram progressos significativos na síntese de NiFe O_{24}

, MgFe O_{24} , e CuFe O_{24} utilizando procedimentos tradicionais de óxido misto, abordagens químicas húmidas, e outros métodos. Para aumentar as propriedades eléctricas e magnéticas, adicionaram/substituíram vários óxidos elementares.

Um estudo aprofundado do efeito da microestrutura estrutural de substituição de ER (terras raras) na investigação eléctrica, sensor de humidade, e magnética da ferrite Mn-Bi produzida por processo de combustão de solução ainda está pendente, no entanto, um estudo nestas áreas poderá ajudar na produção de ER de pequena escala e de alto desempenho e de ferrite metálica de transição substituída para aplicações de sensores de humidade.

1.9. Objectives of the Present Work and Organization of the thesis

1.9.1 Objectivos

- Síntese de $CuFe_{2-x}$ Eu O_{x4} (onde, x= 0, 0,01, 0,02 e 0,03), $CuFe_{2-x}$ Eu_x Sc O_{y4} (onde, x= 0, 0,01, 0,02 e 0,03) e $CuFe_{2-x}$ Bi O_{x4} (onde, x= 0, 0,01, 0,02 e 0,03) por método de combustão de solução.
- XRD, SEM e FTIR foram utilizados para examinar as propriedades estruturais e microestruturais das nanopartículas.
- O VSM foi utilizado para investigar as propriedades magnéticas de todas as amostras produzidas à temperatura ambiente (RT).
- Um analisador de impedância da série Wayne Kerr 6500B pode ser utilizado para estudar características eléctricas.
- As humidades relativas variam de 10% a 97% numa experiência de detecção de humidade, e as características de detecção de humidade das amostras são analisadas.

1.9.2 Organização da tese

Apresentam-se a seguir os oito capítulos que compõem os resultados da investigação desta tese:

Capítulo-1; Neste capítulo trata da introdução geral à ferrite, classificação dos ferrites, estrutura dos ferrites, introdução aos sensores de humidade, definição e formulação da humidade, motivação, objectivo do presente trabalho e organização da tese.

Capítulo-2; A abordagem de síntese e os detalhes experimentais das técnicas de caracterização estrutural, eléctrica, magnética e de humidade utilizadas neste trabalho estão incluídos neste capítulo.

Capítulo-3; $CuEu_x Fe O_{2-x4}$ nanopartículas são estudadas no 3º capítulo em termos das suas capacidades estruturais, microestruturais, dieléctricas, magnéticas, e de detecção de humidade.

Capítulo 4; Estrutura, microestrutura, capacidades de detecção eléctrica e de humidade do $CuEu_x Sc_y Fe2_{-(x+y)}O_4$ nanopartículas são discutidas em pormenor no capítulo 4.

Capítulo-5; $CuBi_x Fe O_{2-x4}$ As características estruturais, magnéticas e de detecção de humidade das nanopartículas são o foco do capítulo 5.

Capítulo-6; - Um resumo dos resultados e recomendações do estudo em curso pode ser encontrado no Capítulo 6.

Capítulo 2

2. Síntese e Técnicas de Caracterização

Os métodos de caracterização de síntese, microestrutural, eléctrico, magnético e de detecção de humidade utilizados neste estudo são aqui descritos em pormenor.

2.1 Introduction

A investigação em nanociência começa com a criação de nanomateriais. Aqui descrevem-se as várias técnicas experimentais disponíveis para sintetizar as nanopartículas de ferrite e o procedimento detalhado para o método de síntese adoptado para o trabalho de investigação aqui apresentado. Após a síntese, é importante caracterizar os materiais para compreender as suas propriedades químicas e físicas. A análise dos dados recolhidos a partir das caracterizações é apresentada em pormenor. As técnicas de caracterizações analíticas utilizadas para estudar a estrutura são XRD, a microestrutura é de SEM e TEM. Propriedades magnéticas do ferritessudado por VSM à temperatura ambiente. A análise das qualidades eléctricas utilizando um analisador de Impedância é o método preferido. Foram realizadas experiências de detecção da humidade em amostras. Os detalhes dos instrumentos acima referidos; princípio, teoria e funcionamento são apresentados neste capítulo.

2.2 Síntese de nanopartículas

O tamanho das nanopartículas tem um impacto significativo sobre as características físicas e químicas que os materiais apresentam. Ao sintetizar, a dimensão das partículas é determinada pela técnica utilizada e pelo ambiente físico. Os métodos de sintetização adoptados no desenvolvimento da investigação em nanociência estão aqui listados.

2.2.1 Método de Reacção em Estado Sólido

2.2.2 Método de combustão automática (sol-gel)

2.2.3 Método de flash hidrotermais

2.2.4 Método mecano-químico

2.2.5 Método de co-precipitação

2.2.6 Método de reacção de combustão

2.2.7 Micro-emulsões

2.2.8 Nova rota não aquosa

2.2.9 Método de hidrólise forçada

2.2.10 Método de onda de combustão

2.2.11 Método complexo polimerizado.

2.2.1 Método de Reacção em Estado Sólido

Os materiais ferrite são mais comummente produzidos utilizando a abordagem de reacção em estado sólido, que já existe para os mais antigos. Uma argamassa feita de ágata foi utilizada para esmagar óxidos e carbonatos em quantidades precisas. A lubrificação para a trituração, moagem e moagem dos reagentes é fornecida por álcool ou acetona. À temperatura adequada, o pó combinado é calcinado. O poder calcinado é peletizado e é sinterizado a várias temperaturas para obter a fase e pureza necessárias do material ferrite [57]. A Figura 2.1 mostra o fluxograma da abordagem do estado sólido da produção de ferrite.

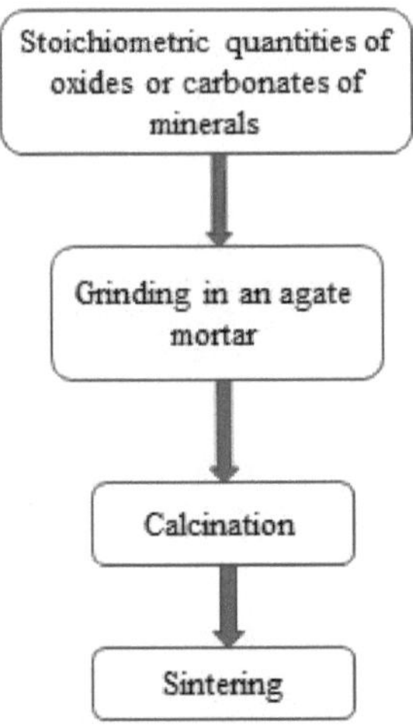

Fig. 2.1 Técnica de reacção em estado sólido.

É um método convencional para sintetizar ferritas em grande escala, mas é um método antigo ainda em prática para atingir a produção em grande escala na indústria de ferrite.

2.2.2 Auto combustion method

Este método é frequentemente utilizado pelos investigadores para sintetizar óxidos ou ferritas de metais. Óxidos metálicos a serem preparados, cujos sais metálicos (nitratos) em quantidades estequiométricas são diluídos com água bidestilada com adição de combustíveis orgânicos como ácido cítrico, ureia, glicina, etc. Foi utilizado um

28

agitador magnético para combinar correctamente os materiais, o que resultou numa solução quente. O aquecimento da solução evapora a água e forma-se um fluido viscoso que resulta num pó preto macio a tocar em pó maciço. À temperatura desejada, este pó foi moído, calcinado, e sinterizado [58]. O fluxograma na Fig. 2.2 descreve as muitas etapas envolvidas no método de combustão automática para a preparação da ferrite.

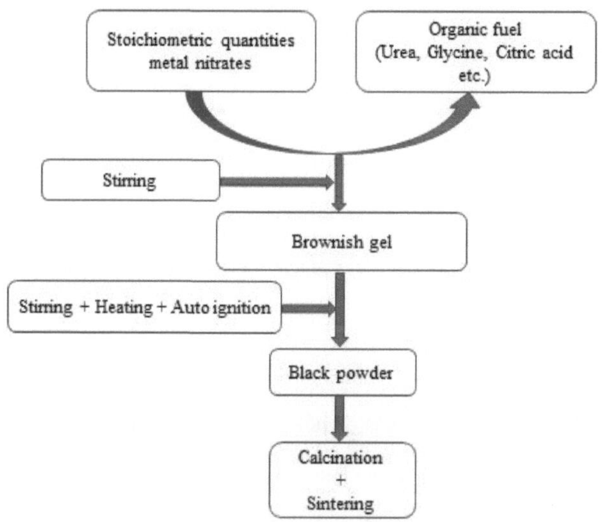

Fig. 2.2 Flow chart of auto combustion synthesis method

2.2.2   Método hidrotermal

É um método bem conhecido para sintetizar estruturas nanosas policristalinas de espinélio ou perovskites. Os precursores num recipiente incluem sais metálicos solúveis em água. O pH da solução é rectificado antes de o recipiente contendo a solução ser colocado num autoclave, e é mantida uma pressão suficiente através do aumento da temperatura do recipiente. Para obter nanopartículas com o tamanho desejado, a duração da reacção é controlada. Água e solventes orgânicos são utilizados para lavar e filtrar as partículas que se afundam até ao fundo antes da secagem e carbonização ao ar livre. Os investigadores estão a utilizar esta tecnologia devido à sua baixa temperatura de síntese, à sua compatibilidade com o ambiente e à sua capacidade de produzir pó nanosizado. A desvantagem é que são necessárias autoclaves dispendiosas [59-63].

2.2.3 Método mecano-químico

Não há aquecimento dos precursores nesta abordagem para iniciar reacções químicas. Uma vez que pode ser utilizado para produzir cerâmica que oxida ou se desintegra a altas temperaturas, é excelente para este fim (por exemplo, silicatos e carbonetos). Reacções químicas de accionamento mecânico ocorrem nos locais de contacto entre o meio de moagem e o precursor, sob alta pressão e taxa de deformação, num moinho de alta energia. Este método é ideal para gerar quantidades modestas de materiais (algumas centenas de gramas de pó). Este procedimento utiliza técnicas de moagem de alta energia e é normalmente feito num ambiente controlado. Este processo pode ser utilizado para fazer pós nano compostos de óxidos ou misturas de óxidos [8]. O principal problema deste processo é que partículas finitas de tamanho nanométrico não podem ser sintetizadas, e os meios de moagem podem contaminar o produto [64, 65].

2.2.4 Método de co-precipitação

As nanopartículas de ferrite de qualquer tamanho podem ser sintetizadas utilizando o método de co-precipitação. Esta técnica é conhecida como síntese de tamanho controlado. Para obter uma solução transparente, as proporções estequiométricas dos oxidantes foram misturadas em H_2O de duplo destilado num copo. O agente precipitante era uma solução aquosa de NaOH. A solução clara obtida e a solução de NaOH foi tomada em duas buretas separadas. Ambas as soluções foram suavemente colocadas gota a gota num copo contendo água destilada enquanto a agitação mecânica era mantida. A taxa de adição foi regulada para manter o pH (8 ou 10) consistente durante toda a operação. Foi utilizado um termóstato regulado à temperatura desejada (60 ou 70 °C) para controlar a co-precipitação. O resultado foi um precipitado gelatinoso, que foi filtrado e enxaguado com muito $H_2 O$ destilado até que o pH da solução fosse neutro. A massa resultante é seca a 80 graus Celsius. O precipitado foi então aquecido durante 4 horas a 400, 500, ou 600 graus Celsius, para criar monofásico. As partículas foram descobertas como sendo mesoporosas, com tamanhos de partículas que variam entre 8 e 45 nanómetros. O tamanho das partículas cresceu quando o pH e a temperatura do agente precipitante subiram [66-69].

2.2.5 Pirolise por pulverização

O processo de pirólise por pulverização foi utilizado para fazer nanopartículas de ferritas. Foram utilizados reagentes de grau analítico para fazer nanopartículas de ferrite. Para dissolver concentrações estequiométricas de nitratos metálicos em água destilada, foi utilizada a agitação magnética. A mistura dos componentes foi feita utilizando uma solução aquosa de PVA. O dispositivo de pirólise de pulverização pulveriza a solução viscosa resultante de nitratos metálicos de PVA sobre um painel de vidro. À medida que o substrato de vidro arrefecia, a amostra era descascada para longe dele. A amostra é recozida a 450, 500, 550, e 6000 graus Celsius para produzir nanopartículas de ferrite de espinélio monofásicas [70-72].

2.2.7   Solution Combustion method

Cerâmicas mais porosas, óxidos metálicos, e outras nanoestruturas podem ser sintetizadas utilizando a Síntese de Combustão de Soluções (SCS), uma técnica de vanguarda. Os procedimentos habituais que são actualmente acessíveis são proibitivamente dispendiosos. É um processo de reacção auto-sustentável, menos dispendioso, rápido, e tem um produto exotérmico de alta pureza numa variedade de formas e tamanhos, tem métodos relativamente simples, e utiliza reagentes baratos. Devido a estas razões, actualmente a SCS está a tornar-se uma ferramenta de síntese de nanopartículas de probabilidade para a investigação da ciência dos materiais em todo o mundo. Esta técnica é adequada para a preparação de ferritas nanocristalinos em grande escala para satisfazer as necessidades actuais da indústria electrónica. O método de síntese determina em grande parte a forma da superfície dos ferrites e o tamanho das partículas.

A técnica SCS foi utilizada para produzir todas as amostras deste estudo. A combustão da solução é utilizada para criar nano amostras. Cinquenta por cento de ureia e cinquenta por cento de glicose foram os combustíveis que utilizámos para fazer nanopartículas de ferrite. Os copos foram enchidos com copos de vidro borosil de 500 ml com as quantidades correctas de nitrato metálico e combustíveis. A proporção de combustíveis e nitratos metálicos é de 1:1 neste estudo. Os nitratos metálicos e os combustíveis foram diluídos com ddH2O. Durante uma hora, o copo de vidro foi submetido a agitação magnética de 800 rpm para obter uma solução homogénea. A 450°C, foi utilizado um forno pré-aquecido de mufla para colocar esta solução homogénea. Durante os 20 minutos que levámos para queimar as cinzas, conseguimos recolher o nano pó de cinzas queimadas. Foi obtido um nano pó de cinzas finas moendo o nano pó numa argamassa de ágata e pilão [73-76]. A figura 2.3 mostra um fluxograma

para a abordagem da SCS.

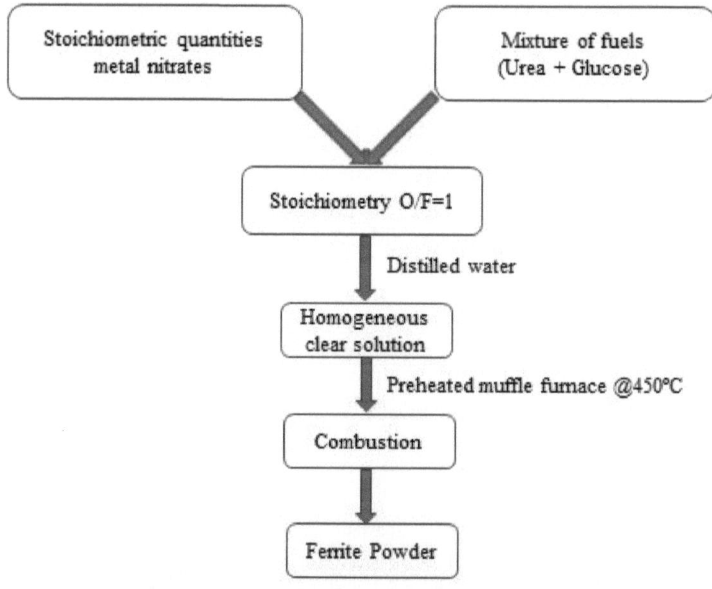

Fig. 2.3 Fluxograma do método SCS

2.3 Characterization techniques

2.3.1 X-ray diffraction

2.3.2 Scanning electron microscopy

2.3.3 Transmission Electron Microscopy (TEM)

2.3.4 Magnetic measurements

2.3.5 Humidity sensing

2.3.6 Dielectric measurements

2.3.1 X-ray diffraction

A difractometria de raios X (DRX) é uma técnica analítica não destrutiva e flexível. A informação interna, composição química, estrutura física e cristalográfica, propriedades dos materiais são todas reveladas com grande detalhe. Para caracterizar a pureza de fase, tamanho cristalino, estrutura cristalina, parâmetro da malha, e outros dados cristalinos, é utilizada a difracção de pó. Os dados de difracção podem ser comparados com uma base de dados padrão dada pelo ICDD para determinar a pureza de uma amostra. Os dados XRD foram recolhidos utilizando uma radiação CuKα ($\lambda=1{,}54045$ Å) e uma interface informática. As amostras sintetizadas sob a forma de pó fino são pulverizadas como uma camada fina sobre uma lâmina de vidro e são colocadas no suporte de amostras fornecido no instrumento XRD. Os dados foram gravados no 2θ variando entre $10°$-$80°$ com um tamanho de passo de $0{,}02°$. Os padrões de XRD experimentais obtidos foram indexados e a identificação de fase é efectuada com os padrões de referência padrão JCPDS disponíveis.

Usando a técnica Debye-Scherrer, o tamanho do cristalito pode ser determinado. [77]:

$$D_{hkl} = \frac{k\lambda}{\beta \cos \theta}$$

O 'a' (parâmetro da malha) é estimado utilizando a equação abaixo [78,79]:

$$a = d_{hkl}\sqrt{(h^2 + k^2 + l^2)}$$

$$d_{hkl} = \frac{\lambda}{2 \sin \theta}$$

Where k is Bragg's constant, λ is wavelength of X ray, β is FWHM of the diffraction peaks in radians, 'd_{hkl}' is the interplanar spacing, (hkl) are miller indices, θ is Bragg's diffraction angle [54].

2.3.2 Microscopia Electrónica de Digitalização

É possível investigar a topologia de superfície, morfologia e composição química de qualquer material com a resolução de nível nanométrico da SEM. Este não é um microscópio óptico, utiliza um feixe de electrões como fonte que produz por emissão termiónica ou de campo. Amostras de varrimento com um feixe focalizado de electrões produzem fotografias de alta qualidade. Os electrões interagem com os electrões da amostra, resultando numa variedade de sinais detectáveis que incluem dados sobre a composição e morfologia da superfície. Para evitar a acumulação de carga electrostática na superfície durante a imagem SEM, as amostras devem ser electricamente condutoras e aterradas. Os defeitos de varrimento são causados quando os ferritas, que não são condutores, são expostos a um feixe de electrões. O revestimento de pulverização a baixo vácuo resultou na aplicação de uma camada ultranacional de material electricamente condutor a amostras de pó (ouro). O SEM foi utilizado para estimar a morfologia dos materiais (homogeneidade e tamanho das partículas), e foi realizada uma análise química utilizando um arranjo de Emissões de Campo anexado ao Microscópio Electrónico de Varrimento (FE-SEM). Neste estudo, foi utilizado um Microscópio Electrónico de Varrimento JOEL JSM-6390LV com EDAX.

2.3.3 Microscopia Electrónica de Transmissão (TEM)

TEM é uma ferramenta importante capaz de caracterizar a estrutura interna da classe de variedade de materiais. Este estudo dá directamente a imagem da microestrutura e, ao mesmo tempo, as fases presentes na amostra também serão exploradas pelo método da difracção dos electrões. Foi utilizado um dispositivo Philips para registar as medições TEM e os padrões SAED (MODELO CM 200 Este TEM foi utilizado para analisar os materiais após as amostras terem sido embebidas em álcool etílico e colocadas sobre uma grelha de cobre. Em TEM, um feixe de electrões é acelerado sob uma diferença potencial de 100 keV e é projectado sobre a grelha da amostra. Estes elétrons acelerados penetram na amostra. Tanto a transmissão como a difracção dos electrões têm lugar na amostra que produz uma imagem bidimensional. A imagem com campos brilhantes é devida aos electrões transmitidos e um campo escuro é devido aos electrões difractos. Um sistema de lentes magnéticas intermédias é utilizado em TEM que ajuda a visualizar as imagens com alta ampliação, variando de 50 a 10^6 . TEM facilita a informação tanto sobre a imagem como sobre a difracção na amostra. A estrutura atómica de uma amostra pode ser determinada utilizando a imagem de alta resolução do TEM da estrutura da malha do material cristalino...

2.3.4 Caracterização magnética

2.3.4.1 Magnetómetro de Amostra de Vibração (VSM)

É um aparelho que mede os momentos magnéticos das amostras para determinar o seu comportamento magnético. De acordo com a lei de Faraday da indução electromagnética, um campo magnético móvel gera um campo eléctrico através de um acoplamento indutivo. Os electrões no campo magnético são capazes de saber quando o campo magnético mudou. As propriedades magnéticas (ciclos de histerese) foram medidas utilizando um VSM num campo magnético de 80kOe aplicado à temperatura ambiente. A amostra utilizada para a medição é de 20 mg de ferrite finamente pulverizada. Um campo magnético homogéneo é utilizado para magnetizar a amostra. A configuração experimental pode ser vista na Figura 5. Depois disso, a amostra é vibrada fisicamente num padrão sinusoidal. A tensão gerada na bobina de recolha é determinada pelo momento magnético da amostra. A tensão induzida é medida, e o laço de histerese do material é determinado. A **figura 2.4** mostra um padrão modelo de laço de histerese.

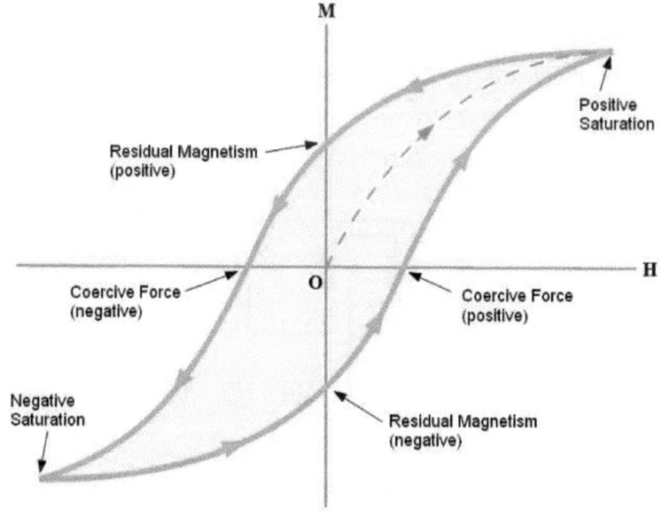

Fig. 2.4 Padrão de histerese de um material magnético (laço M-H)

Remanence uma medida da quadradice do laço de histerese, é definida como se segue:

$$S = \frac{M_r}{M_s}$$ (1),

A saturação e as magnetizações remanentes são Ms e Mr, respectivamente.

Além disso, de acordo com as seguintes relações,

anisotropia uniaxial $K_u = \dfrac{H_c \times M_s}{0.985}$ (2a),

e, anisotropia cúbica $K_c = \dfrac{H_c \times M_s}{0.64}$ (2b),

O valor H_c estimado através da medição do valor médio de $-H_c$ a $+H_c$.

2.3.5 Detecção da humidade

Foram utilizadas prensas hidráulicas para produzir uma pastilha da amostra para os testes de detecção de humidade. Para fazer um contacto eléctrico, foi coberta com prata e torrada a 55 graus Celsius durante duas horas. A amostra preparada foi injectada nas sondas de eléctrodos. Um multímetro digital e um computador foram utilizados para medir a resistência. Em cada frasco, o granulado era envolvido no

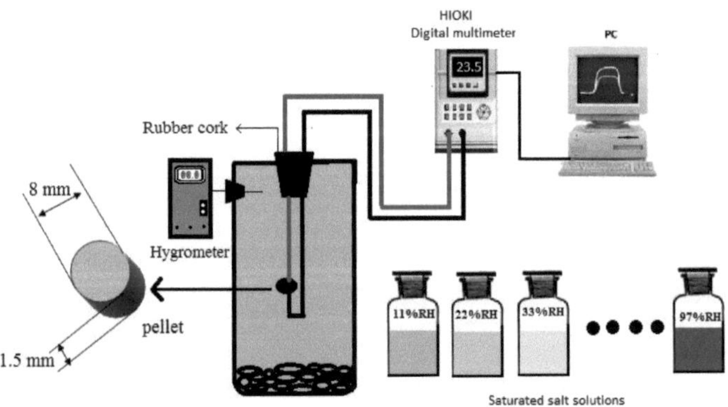

eléctrodo e cada solução de sal era testada quanto à sua resistência [80]. Preparação para uma pesquisa sobre a detecção de humidade (ver fig. 2.5).

Fig. 2.5 Configuração do estudo de detecção de humidade.

2.3.5.1 Mecanismo de sensoriamento

As amostras foram colocadas em soluções salinas para embeber nesta fase. As moléculas de água na superfície de CuFe O_{24} nanopartículas não são consistentes, e a dupla restrição de retenção de hidrogénio impede as moléculas de água de se moverem livremente. Como resultado, o átomo de água auto-ioniza-se, levando à formação de H+ e OH-. Além disso, o cristal CuFe2O4 tem moléculas de água adsorvendo-se na sua superfície, tornando o contacto da molécula H2O com CuFe O_{24} excessivamente fraco. Em condições de baixa humidade, o mecanismo de condução depende assim de nanopartículas de CuFe2O4 em vez de moléculas de água adsorvidas. Um mecanismo de transferência de carga entre as nanopartículas de CuFe O_{24} e as moléculas de água adsorvidas $H_2O \Leftrightarrow H^+ + OH^-$ é discutido.

As moléculas de água physisorbed no CuFe O_{24} crescem à medida que a humidade relativa (RH por cento) aumenta. Devido à elevada densidade de carga local e ao forte campo eléctrico, a água fisisorizada no CuFe O_{24} superfície de nanopartículas é ionizada [81]. Devido às reacções comerciais, a ionização cria um elevado número de partículas de hidrónio (H3O+) como portadores de carga. $H_3O^+ + H_2O \Leftrightarrow H_2^+ + H_3O^+$ [82]: Entretanto, o movimento de H+ ocorre em aglomerados entre moléculas vizinhas de H2O.

À medida que o RH aumenta, as convergências de e aumenta, e a maravilha da dispersão ocorre. À medida que a HR aumenta, as convergências de H^+ e H_3O^+ aumento, e o fenómeno de dispersão ocorre.

As moléculas de água physisorbed produzem uma segunda fase de fisisorção quando a percentagem de RH aumenta. A água adsorvida acumula-se nos poros capilares no final do processo, provocando o aumento da protonação. Como resultado, a oposição diminui, resultando num aumento da condutividade.

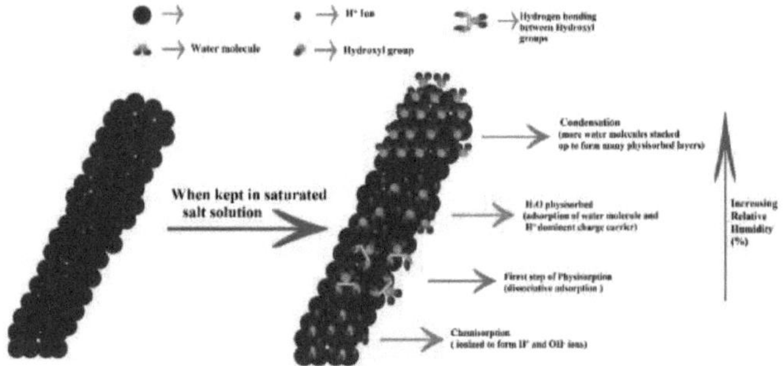

Fig. 2.6 Figura esquemática do mecanismo de detecção da humidade

2.3.6 Espectroscopia dieléctrica e de Impedância

O volumoso pó de ferrite produzido na síntese é moído a ultra-fino utilizando uma argamassa de ágata e pilão. A uma pressão de 5 toneladas por centímetro quadrado, os pellets com diâmetros de 13mm e 1-2 milímetros são formados pela prensagem deste pó com ligante de 1 por cento de PVA (Poly Vinyl Alcohol) durante cerca de cinco minutos. Os pellets são sinterizados durante 2 horas a 800°C num forno. Uma pequena camada de pasta de prata foi aplicada sobre as superfícies planas dos pellets sinterizados para garantir um contacto eléctrico óptimo.

As características eléctricas da temperatura ambiente foram estudadas utilizando um Analisador de Impedância PSM 1735 e um medidor LCR de alta precisão. Recipiente de amostra de alumina utilizado para armazenar a amostra. Os dados foram recolhidos em função da frequência aplicada utilizando um sistema de aquisição de dados com interface informática.

O parâmetro dieléctrico como funções de frequência é tratado como quantidades complexas. A permissividade dieléctrica complexa é representada como aqui, é a ε' é uma medida de armazenamento de energia (+ ve meio ciclo de ac) e é o ε'' é uma medida de dissipação de energia (- ve meio ciclo de ac) em cada ciclo aplicado ac campo eléctrico através da amostra de ferrite. As equações matemáticas para os parâmetros acima são as que se seguem.

$$\varepsilon' = \frac{C\,t}{A\,\varepsilon_0} \qquad\qquad \varepsilon'' = \frac{\sigma}{\varepsilon_0 \omega} = \frac{\sigma}{2\pi f \varepsilon_0}$$

Onde t é a espessura da pelota, C é a capacidade, σ é a condutividade eléctrica, ε_0 é a permissividade do espaço livre, A é a área da pelota, e ω é a frequência angular.

É a tangente da perda dieléctrica que mede a quantidade de calor perdido num ciclo de energia ac... É proporcional à dissipação de energia, ou seja

$$tan\delta = \frac{\varepsilon''}{\varepsilon'}$$

$$tan\delta = \frac{\sigma}{2\pi f \varepsilon_0 \varepsilon'}$$

A condutividade eléctrica total (σ_{Tot}) contribui tanto da parte dc como da parte ac representada pela relação $\qquad \sigma_{Tot} = \sigma_{dc}(0) + \sigma_{ac}(\omega)$

Aqui a parte dc é independente da frequência e a parte ac é dependente da frequência e é determinada utilizando a relação; $\qquad\qquad \sigma_{ac} = \varepsilon' \varepsilon_0 \omega\, tan\delta$

Onde os símbolos estão a tomar os seus significados habituais.

A complexa impedância Z^* pode ser escrito como a soma de Z' e Z'' como

$$Z^* = Z' + jZ''$$

Onde Z'' e Z' são as partes imaginárias e reais da impedância, respectivamente. Podem

ser compostos $\quad\quad$ como $\quad Z' = |Z|\cos\Phi \quad$ e $Z'' = |Z|\sin\Phi$

Onde $|Z|$ o módulo de impedância e Φ é o ângulo de fase.

Alternativamente

$$Z' = \frac{R_g}{\left(1+\omega_g C_g R_g\right)^2} + \frac{R_{gb}}{\left(1+\omega_{gb} C_{gb} R_{gb}\right)^2}$$

$$Z'' = \frac{R_g{}^2}{1+\left(\omega_g C_g R_g\right)^2} + \frac{R_{gb}{}^2}{1+\left(\omega_{gb} C_{gb} R_{gb}\right)^2}$$

Onde R_g e C_g são a resistência dos grãos e a capacidade dos grãos, respectivamente;

The grain boundary resistance and capacitance are denoted by, $R - gb$. and, C

$- gb$.

As frequências de pico dos semicírculos de grão e de limite de grão são denotadas por

ω_g e ω_{gb}respectivamente.

O módulo eléctrico é numericamente igual à reciprocidade da permissividade eléctrica

na notação complexa, ou seja

$$M^* = M' + j\,M'' = \frac{1}{\varepsilon^*}$$

Here $M' = \dfrac{\varepsilon'}{(\varepsilon')^2+(\varepsilon'')^2}$ and

$$M'' = \frac{\varepsilon''}{(\varepsilon')^2+(\varepsilon'')^2}$$

Where, M'' and M' **is the** imaginary and real part of electrical modulus

Capítulo 3

3. Síntese e estudo das propriedades estruturais, microestruturais, dieléctricas, magnéticas e de detecção de humidade *do CuEu$_x$ Fe O$_{2-x4}$ (onde, x= 0 a 0,03) nanopartículas*

Neste capítulo, são exploradas as características estruturais, microestruturais, de detecção, dieléctricas e magnéticas destas NPs sintetizadas através da combustão da solução.CuEu$_x$ Fe O$_{2-x4}$ (x= 0 a 0,03).

3.   1Introdução

As características químicas, biológicas e físicas incomuns do óxido de ferrite metálico de cobre estão a levar um número crescente de equipas de investigação a investigar as suas possíveis aplicações [83]. Os iões divalentes e trivalentes ocupam as posições tetraédricas e octaédricas, respectivamente, em ferrite CuFe2O4, que tem uma fórmula geral de AB2O4. Os dispositivos magnéticos e eléctricos, bem como os sistemas de terapia do cancro e de administração de medicamentos, beneficiam todos de NPs de ferrite de cobre substituídas por RE [58]. Estes materiais são excelentes para uma vasta gama de aplicações devido à sua alta resistividade eléctrica e baixas perdas de corrente de Foucault [84-86]. Uma gama de dispositivos, incluindo como núcleos de transformadores e absorvedores de microondas, pode beneficiar grandemente da utilização de CuFe2O4. [85, 86]. CuFe O$_{24}$ NPs podem ser feitos utilizando uma variedade de técnicas, incluindo o método sol-gel, o método de co-precipitação, e o método SCS [87, 88]. Ferritas de espinélio dopante com iões RE maiores incluindo cério, terbium, samário e gadolínio, tem sido utilizado por muitos investigadores para estudar as suas propriedades. A ferrite de cobre dopada Eu pode ser empregada em aplicações de alta frequência porque os ferrites RE substituídos têm uma boa resposta do sensor, baixa condutividade e baixa perda dieléctrica. O Eu3+ substituto $CuFe\ O_{24}$ são geralmente referidos como ferritas de espinélio invertido.

A combustão da solução foi utilizada para produzir $CuEu_x\ Fe\ O_{2-x4}$ (x=0 a 0,03), que foi depois examinada à temperatura ambiente pelas suas capacidades estruturais, dieléctricas, magnéticas, e de sensor de humidade.

3.2 Experimental section

3.2.1 Preparation Method

$CuEu_x\ Fe\ O_{2-x4}$ (x= 0 a 0,03) Para fazer uma solução homogénea de NPs, uma quantidade estequiométrica de combustíveis e nitratos metálicos foi combinada num copo de vidro de borosilio de 250 ml e agitada durante 45 minutos. O forno pré-aquecido de mufla foi utilizado para manter esta solução a 450°C para criar nanopartículas de cobre. Com um almofariz e pilão, foi feito um pó fino de CuEuxFe2-xO4. A figura 3.1 mostra o procedimento SCS para CuEuxFe2-xO4 NPs.

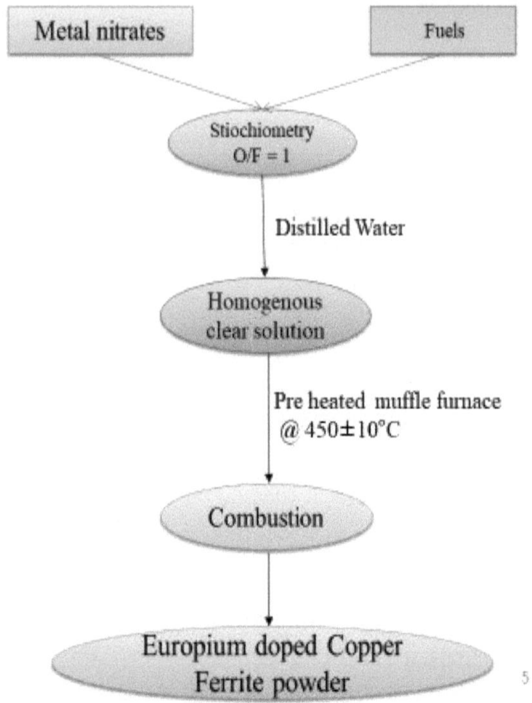

Figura 3.1. Fluxograma da técnica SCS para CuEuxFe O_{2-x4} (x= 0 a 0,03) NPs

3.3 Resultados e Discussões

3.3.1 Análise XRD

CuEuxFe2-xO4 (x=0 a 0,03) NPs produzidas utilizando a abordagem supracitada são mostradas na Figura 3.2. O cartão JCPDS número 74-2400 encaixa nos padrões XRD que confirmam a estrutura cúbica do espinélio.A 48,96° e 38,87° [64, 65], são também vistos picos secundários de CuO [64, 65]. Verificou-se que o aumento das concentrações de Eu3+ aumenta o 'a' (parâmetro da malha) do sistema. Uma comparação de Fe3+ e Eu3+

46

mostra que o europium está localizado na localização octaédrica.CuEuxFe2-xO4 NPs foram encontrados com um tamanho médio de cristalito de 16-51 nm para concentração de x=0 a 0,03 [66]. A tabela 3.1 mostra o valor da estirpe calculado usando a equação =cos4 e tabelado. Além disso, foram estimados os comprimentos de lúpulo de L_A e L_B , com o L_A e L_B a aumentar à medida que a concentração de Eu^{3+} aumentava (Tabela. 3.1).

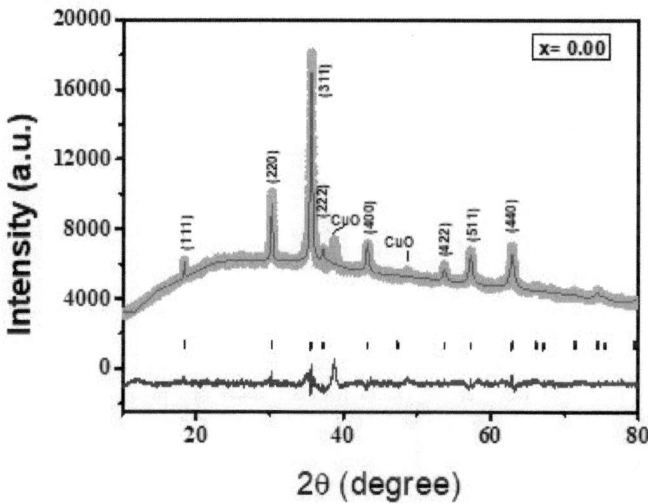

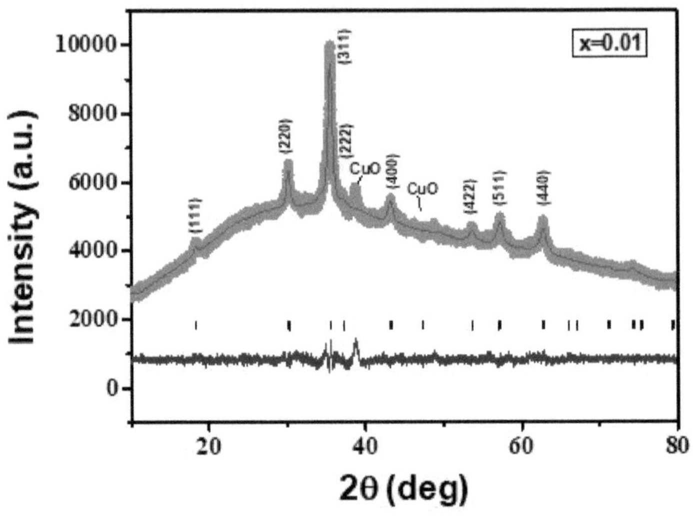

x=0.01
Intensity (a.u.)
10000
8000
6000
4000
2000
0
(111)
(220)
(311)
(222)
CuO
(400)
CuO
(422)
(511)
(440)
20
40
60
80
2θ (deg)

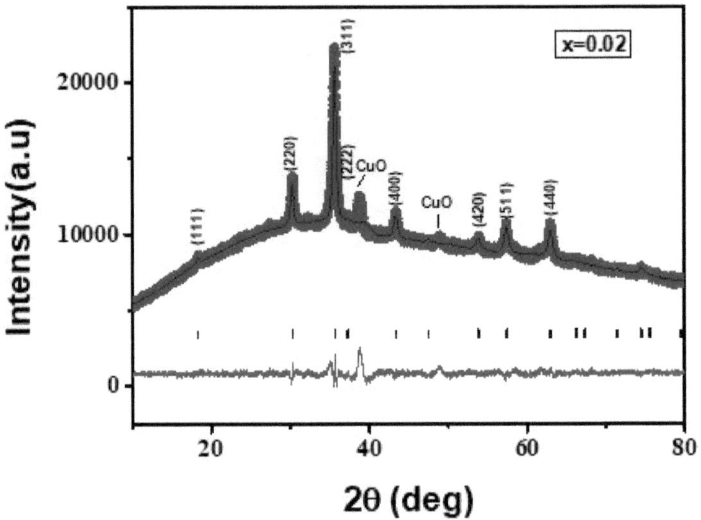

x=0.02
Intensity(a.u)
20000
10000
0
(111)
(220)
(311)
(222)
CuO
(400)
CuO
(420)
(511)
(440)
20
40
60
80
2θ (deg)

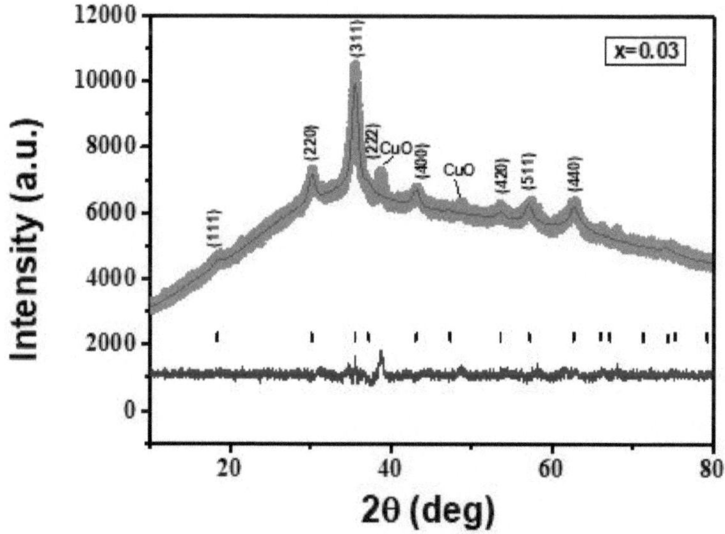

Figura. 3.2 Padrões XRD do $CuEu_x Fe O_{2-x4}$ (onde, x= 0 a 0,03) NPs.

3.3.2 SEM e SDE

Uma variedade de nanopartículas $CuEuxFe2-xO4$ foram investigadas usando SEM e EDS a fim de identificar a sua forma superficial e composição elementar. Os tamanhos dos grãos variam de cerca de 20 a cerca de 40nm, e as partículas são esféricas na forma... Todas as amostras de micrografia SEM são altamente porosas, e o aparecimento do pó espumoso seco é causado pela evolução dos gases durante a combustão [67]. A imagem EDS de $CuEu_x Fe O_{2-x4}$ (onde, x= 0 a 0,03) NPs é mostrada na Figura 3.4. Os picos de cobre, Europium e ferro são claramente visíveis em $CuEu_x Fe$

O_{2-x4} (onde, x= 0 a 0,03) NPs de espectros de SDE. Os picos Eu3+ foram vistos em todos os $CuEu_x$ Fe O_{2-x4} amostras que tinham sido dopadas com europium, excepto quando x= 0. NPs de $CuEu_x$ Fe O_{2-x4} (onde, x= 0 a 0,03) foram plotados na Figura 3.4. O tamanho médio do grão de $CuEu_x$ Fe O_{2-x4} (onde, x= 0 a 0,03) NPs calculadas utilizando o software ImageJ de micrográficos SEM. Os valores médios do tamanho do grão são apresentados na Tabela 3.1.

Frequency
Grain size (nm)
x=0.01
kj 1827
20 µm
SE MAG: 1010 x HV: -1.0 kV WD: -1.0 mm
10   20   30   40   50

x=0.02
kj 1831
20 µm
SE MAG: 1010 x HV: 15.0 kV WD: 25.0 mm
20   40   60

Figura.3.3 Micrográficos SEM de CuEu$_x$ Fe O$_{2-x4}$ (onde, x= 0 a 0.03) NPs.

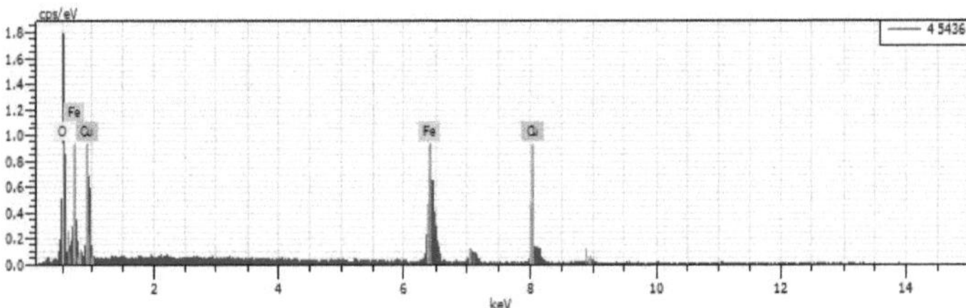

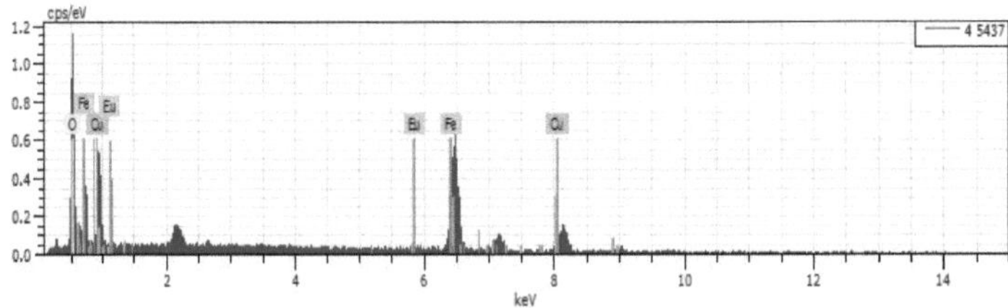

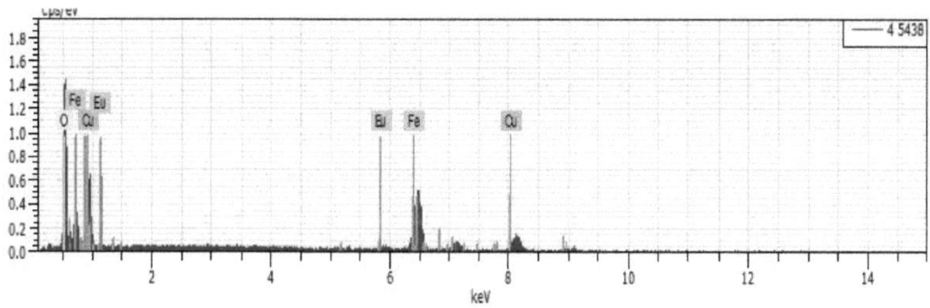

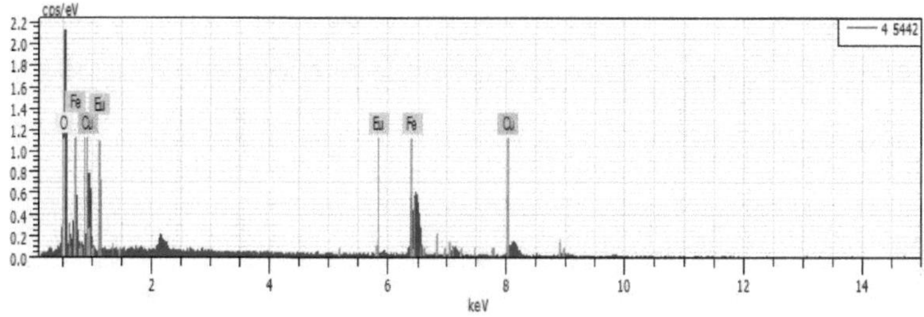

Figura. 3.4 EDS spectra de CuEu$_x$ Fe O$_{2-x4}$ (onde, x= 0 a 0,03) NPs.

Quadro 3. 1: Parâmetros estruturais do CuEu$_x$ Fe O$_{2-x4}$ (onde, x= 0 a 0,03) NPs

Eu^{3+} content	Lattice parameters (Å)	Crystallite Size D in (nm)	Volume (Å^3)	Strain ϵ (radian)	Space group	Average grain size	Hoping length (Å)	
							L$_A$	L$_B$
x=0.0	8.126	25	539.29	1.38 X 10^{-3}	Fd3m	28	3.518	2.873
x=0.01	8.131	16	540.23	2.14 X 10^{-3}	Fd3m	30	3.520	2.874
x=0.02	8.143	21	542.71	1.63 X 10^{-3}	Fd3m	40	3.526	2.879
x=0.03	8.154	51	544.91	6.98 X 10^{-3}	Fd3m	33	3.531	2.883

3.3.3 Dielectric studies

3.3.3.1 Real and imaginary part of dielectric constant

A Fig. 3.5 (a) e Fig. 3.5 (b) mostra a variação de frequência com ε' e ε'_{2-x} para $CuEu_x$ Fe $'O_4$ (onde, x= 0 a 0.03) NPs. A fim de compreender verdadeiramente o comportamento dieléctrico, a polarizabilidade de um material deve ser examinada. Quando o campo eléctrico alternado não pode ser monitorizado a frequências mais altas, a dispersão dieléctrica da amostra torna-se independente da frequência a frequências mais baixas. A teoria de Koop e a polarização de tipo interfacial de Wagner podem explicar este tipo de constante dieléctrica [68, 69]. O processo de dispersão em ferrite de cobre ocorre em frequências mais baixas, resultando numa polarização interfacial, enquanto que a restante polarização não é afectada. Os electrões no local trivalente saltam entre Fe2+ e Fe3+ para se moverem na direcção do campo aplicado. As esperanças dos portadores de carga são alteradas quando a fase Fe2O3 é formada em amostras sintetizadas. Com a concentração de doping, isto demonstra um comportamento não-monotónico. Com a ajuda de camadas finas resistivas, os portadores de carga de electrões são capazes de atravessar os grãos com facilidade. Os limites dos grãos com alta resistência separam os grãos condutores uns dos outros num dieléctrico. Tanto as frequências altas como as baixas são bem servidas pelos limites dos grãos e dos grãos[71].

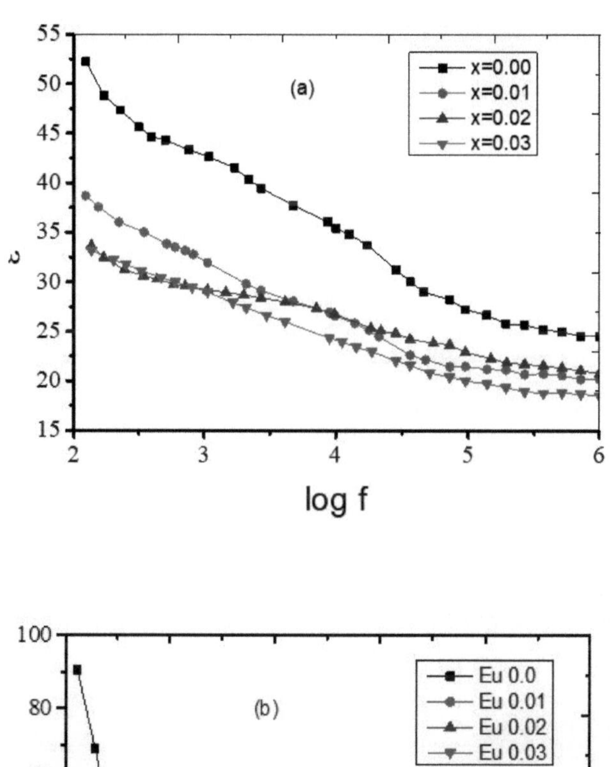

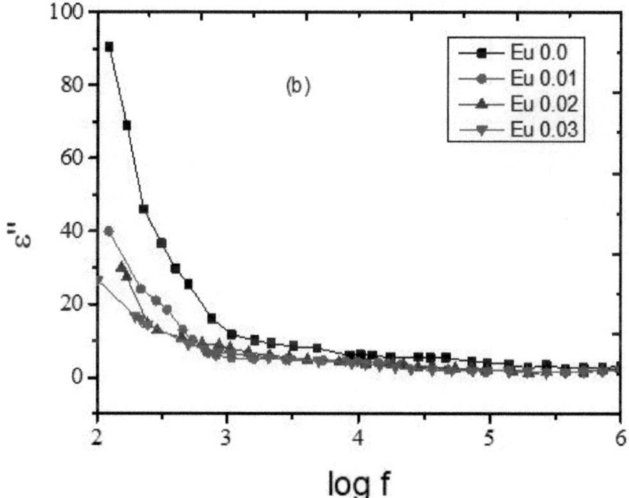

Figure.3.5 The variation of frequency with the real part of dielectric constant (ε') and imaginary part of dielectric loss (ε'') for $CuEu_xFe_{2-x}O_4$ (where, x= 0 to 0.03) NPs.

3.3.3.2 Dielectric loss tangent

A figura 3.6 mostra a variação de frequência com$_{2-x}$ para $CuEu_x$ Fe tanδ O_4 (onde, x= 0 a 0,03) NPs. A perda dieléctrica é maior no lado da frequência mais baixa. A frequência aumenta quando a perda dieléctrica cai acentuadamente. Quando os iões Fe^{2+} ou Fe^{3+} são interfaciais e dipolares, as taxas de salto aumentam no lado da frequência mais baixa, resultando num aumento do contacto entre os dois. Fe O_{23} produção em amostras sintetizadas distorce os portadores de carga, levando-os a passar de Fe^{2+} para Fe^{3+} . Isto mostra um comportamento não-monotónico quando dopado. Esta tangente demonstra como a perda de campo aplicada num material preparado é representada pelos componentes reais e imaginários da constante dieléctrica. Tal perda está normalmente ligada à polarização de relaxamento e à corrente polarizante. A rotação de polarização e o movimento da parede de domínio podem contribuir para a perda da tangente dieléctrica. Como o campo segue a parede de domínio, há uma dissipação maciça de calor em frequências mais baixas.

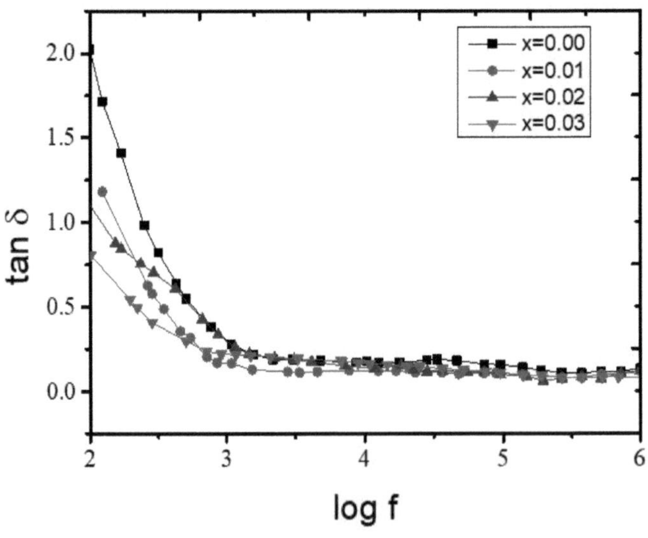

Figura.3.6 CuEu$_x$ Fe O$_{2-x4}$ (onde x= 0 a 0,03) NPNs têm uma flutuação de frequência com tangente de perda dieléctrica.

3.3.3.3 *Condutividade AC (σ)$_{ac}$*

CuEu$_x$ Fe O$_{2-x4}$ (x = 0 a 0,03) As curvas de condutividade CA das NPs estão representadas na Figura 3.7 (a). Todas as amostras mostram um aumento em σac com uma frequência crescente, como se vê no gráfico. A condutividade CA é aumentada através da troca de electrões entre os sítios A e B. Com maiores concentrações de Eu, os níveis de σac na amostra são muito elevados. O doping dos iões Eu^{3+} no CuFe O$_{24}$ impede a troca de electrões entre os sítios A e B, dá uma redução em σ_{ac} . as fronteiras de grãos e grãos têm um impacto considerável na troca de electrões entre os iões Fe3+ e Fe2+ a frequências mais baixas, resultando num valor mais baixo de σac. A parte dos grãos em ferrite de cobre é muito importante a uma frequência superior à da parte da borda do grão, o que provoca um aumento da condução em ferrite [68]. O mecanismo de condução é interrompido e σ_{ac} cai quando os iões Eu3+ são dopados em iões Fe3+ no sítio B...

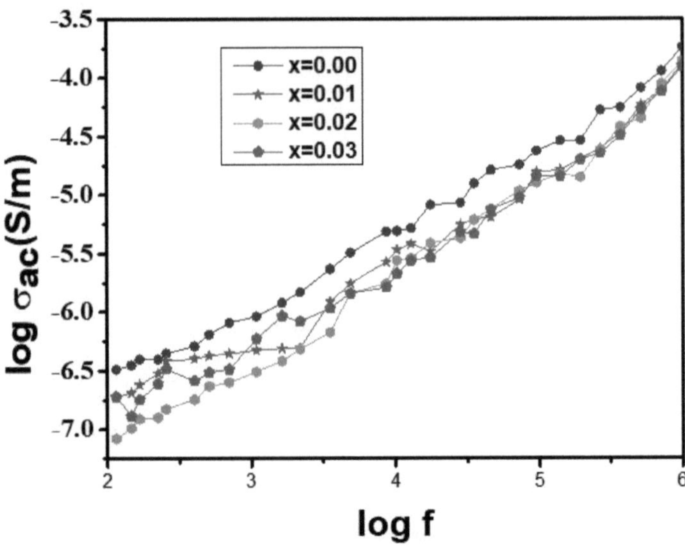

Figura.3.7 A flutuação de frequência com σ_{ac} de $CuEu_x$ Fe O_{2-x4} (onde, x= 0 a 0.03) NPs.

3.4.3.2 Real and imaginary part of electric modulus:

$CuEu_x$ Fe O_{2-x4} NPs são mostradas na Figura 4.9 (a) em função da frequência (x=0 a 0.03) à temperatura ambiente. Na zona de alta frequência, toda a curva converge numa única zona de frequência. Isto pode ser causado pela libertação da polarização da carga espacial à medida que a frequência aumenta [68]. Quando a frequência é aumentada, a magnitude de M' aumenta. Com respeito a $CuEu_x$ Fe O_{2-x4} nanopartículas, a dependência da frequência M" é ilustrada na Figura 4.9(b).Quando a frequência é aumentada, a magnitude de M", começou a diminuir à medida que a frequência aumenta, finalmente mergulhando abaixo de um valor menor em frequências mais altas. Vale a pena notar a flutuação da frequência com M "Nas frequências baixas, o módulo eléctrico é alto mas cai à medida que a frequência é elevada. M' e M' são os valores máximos encontrados a x=0,00 de

concentração.

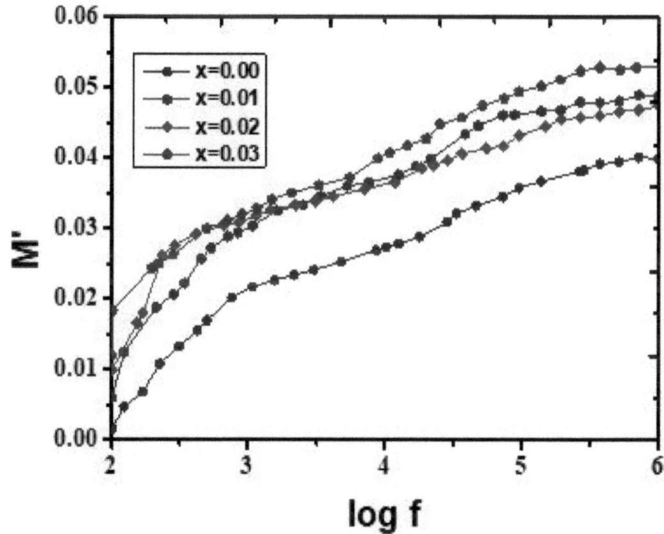

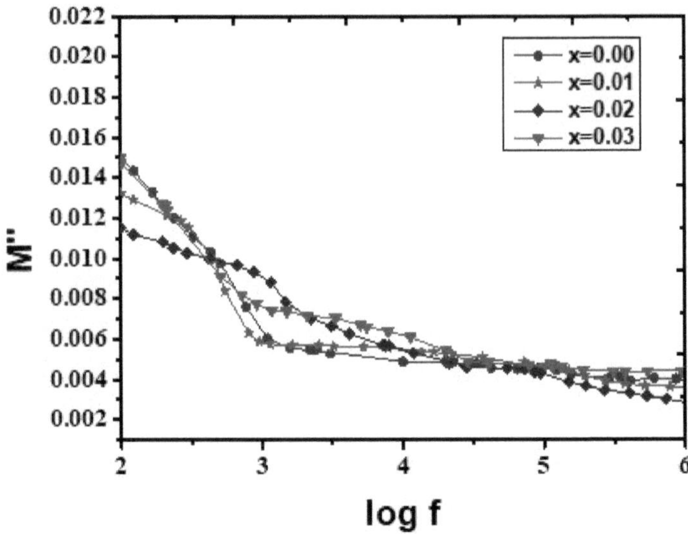

Figure. 3.7 The frequency variation with the real and imaginary parts of the electric

modulus plots for CuEuxFe2-xO4 (where x= 0 to 0.03) NPs.

3.3.3.4 Lotes de Cole-Cole

As parcelas de Cole-Cole de $CuEu_x$ Fe O_{2-x4} NPs são vistas na Figura 3.8. A Figura

3.8 mostra como as porções reais e imaginárias de impedância nos eixos x e y dos gráficos

de Cole-Cole podem ser utilizadas para investigar o impacto dos limites dos grãos e grãos

dentro dos ferritas de espinélio. Para a gama dada destes valores, os semicírculos são

claramente evidentes no gráfico da figura entre as secções real e imaginária do módulo

dieléctrico. Em alguns casos, as parcelas Cole-Cole entre os componentes reais e

imaginários do módulo eléctrico podem produzir excelentes resultados. Existe uma forte

ligação entre os limites dos grãos e os limites dos grãos, uma vez que foram vistos

semicírculos em todas as amostras [66, 69]. O diâmetro mediu o maior aumento do pico dos semicírculos na amostra dopada com europium. Com concentração x=0,03, a intensidade máxima do pico foi registada. A Fig. 3.9 ilustra parcelas de Cole-Cole para $CuEu_x Fe O_{2-x4}$ (onde, x= 0 a 0,03) NPs na sala. Apenas um semicírculo foi claramente visível nas parcelas de análise de impedância com conteúdo x= 0 [70]. Um achado semelhante foi obtido por Sivakumar et al. usando CoFe nanocristalino O_{24} [71]. Os raios dos semicírculos encolheram à medida que a concentração aumentava, indicando uma redução no relaxamento.

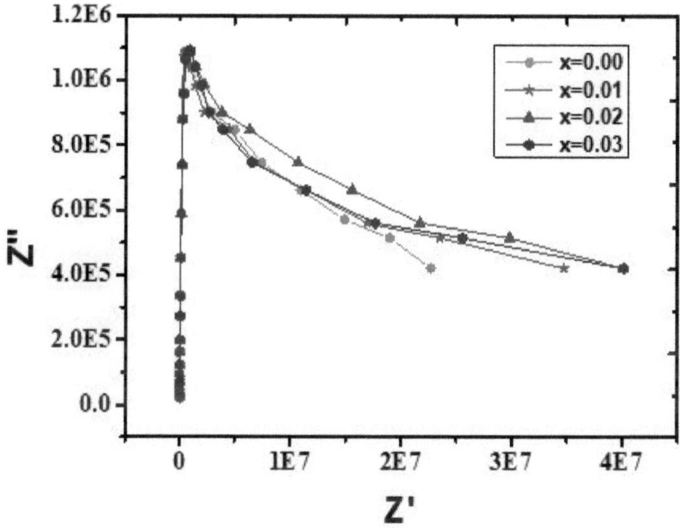

Figura 3.8 Parcelas de Cole-Cole (Z'/ Z'') de $CuEu_x Fe O_{2-x4}$ (onde, x= 0 a 0,03) NPs.

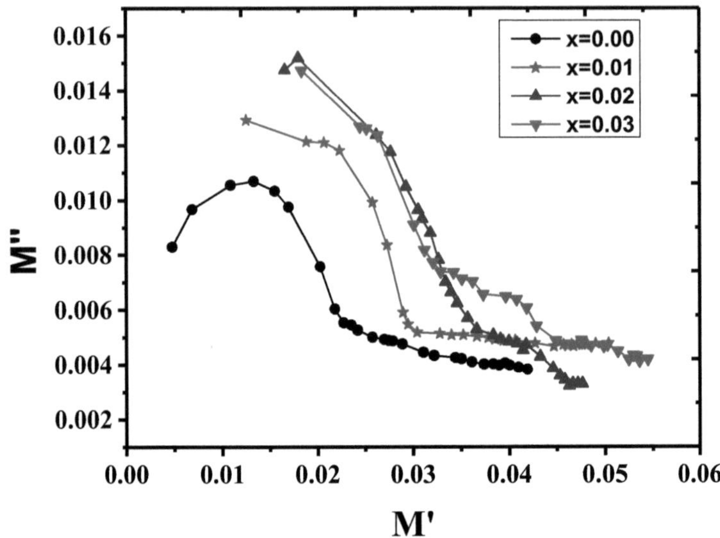

Figura. 3.9 Cole-Cole parcelas (M'/ M") de CuEu$_x$ Fe O$_{2-x4}$ (onde, x= 0 a 0.03) NPs.

3.3.4 Humidity sensing studies

3.3.4.1 Resistance and sensing response

À temperatura ambiente, a variação da percentagem de RH com resistência para CuEu$_x$ Fe O$_{2-x4}$ (onde, x= 0 a 0,03) NPs são traçadas na Fig.3.10. Para RH (humidade relativa) variando de 11% a 97% RH, as resistências caem de 1 x 10^7 a 100 x 10^7 para todas as amostras. Em comparação com outras amostras, CuEu$_x$ Fe O$_{2-x4}$ (onde, x= 0,03) NPs mostram a maior variação na resistência (ver figura). Assim, usando a seguinte equação, a resposta de detecção foi determinada e mostrada contra a RH na Fig.3.11. Comparando com outras amostras, a amostra CuEu$_x$ Fe O$_{2-x4}$ (x= 0,03) tem a melhor resposta de detecção [57].

Resposta de detecção de humidade=

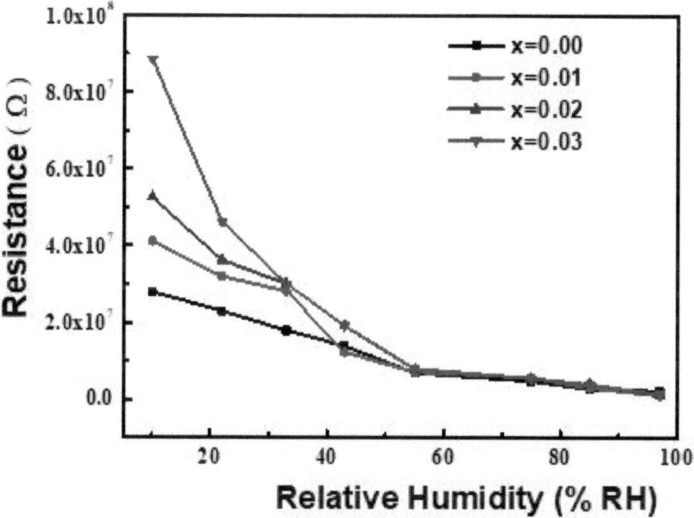

Figura 3.10 A variação de % RH com resistência para $CuEu_x Fe_{2-x} Eu O_{x4}$ (onde, x= 0 a

0,03) NPs.

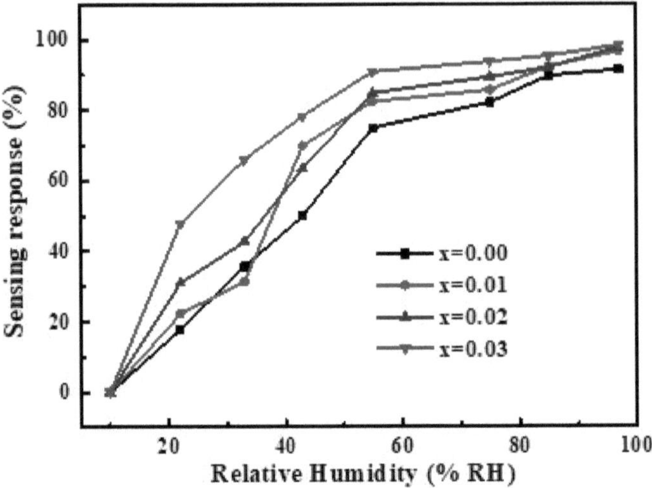

Figura 3.11 A variação RH com resposta de detecção (%) para CuEu$_x$ Fe O$_{2-x4}$ (onde, x= 0 a 0,03) NPs.

3.3.4.2 Sensing response and recovery (SRR)

Os estudos de tempo SRR, bem como os testes de estabilidade, são agora necessários para o fabrico de dispositivos de detecção de humidade. Devido à sensibilidade do goog para o CuEu$_x$ Fe O$_{2-x4}$ (onde x=0,03) tinha estudado a recuperação e o tempo de resposta para a mesma amostra. Uma câmara com 11% HR e outra com 95% HR foram utilizadas em investigações de tempo SRR. Demora 63 segundos para a resposta de detecção (SR) da amostra atingir 97% RH, e 162 segundos para a resposta de recuperação (RT) da amostra atingir 11% RH, enquanto se passa de 97% RH para 11% RH (Fig. 3.12). Quando se trata de recuperação, há um atraso muito curto. Estas experiências revelam claramente que a amostra Eu3+ de CuFe2O4 dopado tem um SR e RT um pouco superior ao Ni-Cu-Zn [58].

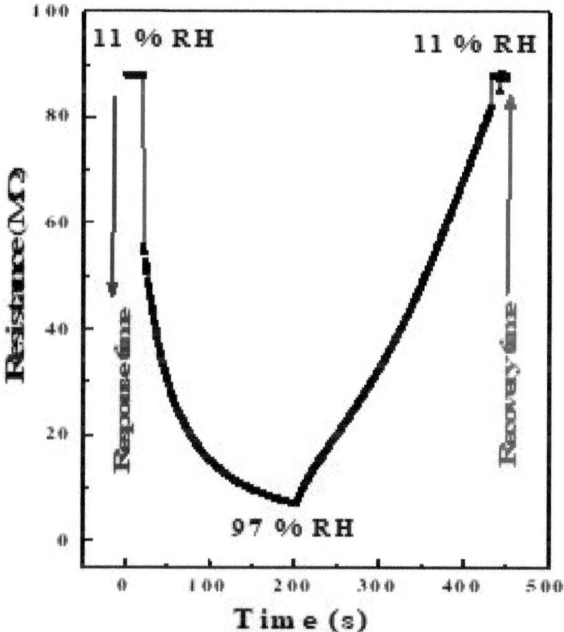

Figura 3.12 a resposta de detecção e característica de recuperação para CuEu$_x$ Fe O$_{2-x4}$

(onde, x= 0.03) NPs.

3.3.4.3 Estabilidade

Ao desenvolver sistemas de material de detecção, os testes de estabilidade são uma fase essencial. Mais de dois meses de CuEu$_x$ Fe O$_{2-x4}$ NP pellet samples were evaluated for their stability under circumstances of 97% and 55% moisture levels. O diagrama (Fig. 3.13 ilustra as curvas de estabilidade para x=0,03 amostras à temperatura ambiente a 55 por cento HR e 97 por cento HR. A figura mostra claramente que dentro desse período de tempo, a amostra teve uma reacção altamente estável à temperatura ambiente, a ambos os níveis de humidade relativa. Para uso prático em sensores de humidade, maiores quantidades de ferrite de cobre dopada com europium são particularmente estáveis à temperatura ambiente na amostra. Como as amostras de menor concentração tiveram uma resposta de detecção mais fraca do que as amostras de maior concentração, a amostra CuFe O₂₄ de menor concentração substituiu a amostra CuFe não foi avaliada quanto à estabilidade. Os ferritas SR baixos, por outro lado, podem ser utilizados numa grande variedade de aplicações, incluindo baterias e dispositivos eléctricos. [72].

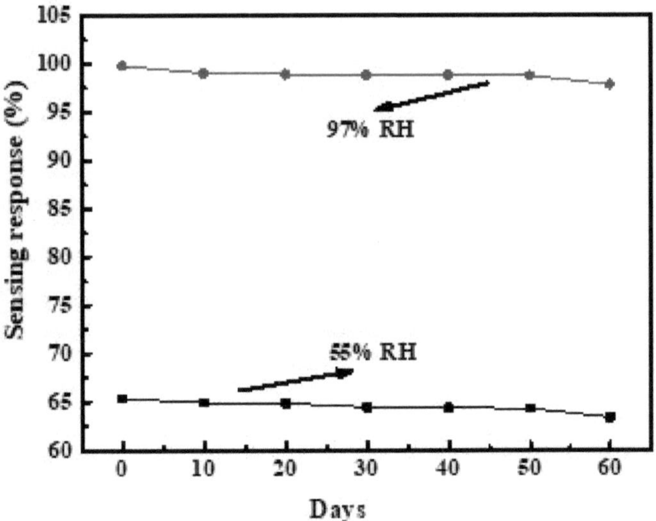

Figura 3.13 a característica de estabilidade de detecção de humidade para CuEu$_x$ Fe O$_{2-x}$4 (onde, x= 0.03) NPs.

3.3.5 Propriedades magnéticas

Fig. 3.14 descreve curvas M-H para $CuEu_x Fe O_{2-x4}$ (onde x= 0 a 0,03) NPs à temperatura ambiente. O comportamento magnético suave é revelado pelas curvas M-H do laço de histerese, que mostra magnetização de saturação mesmo a 20 kOe e é caracterizado por comportamento superparamagnético [64, 73, 74]. O laço M-H no eixo y recolhe tanto a magnetização de saturação (Ms) como a magnetização remanente (Mr) (Mr). O laço M-H foi utilizado para calcular o campo de coercividade no eixo x. A tabela 3.2 mostra os valores Mr, Ms, Hc, S, Kc, e Ku para CuEuxFe2-xO4 (x=0 a 0,03) NPs.

O tamanho, a estrutura cristalina, a forma, o tamanho das partículas e a interacção com a matriz influenciam as propriedades magnéticas do material. O para $CuEu_x Fe O_{2-x4}$ (onde x= 0 a 0,03) NPs mostram uma actividade ferromagnética modesta, como se pode ver na figura. À medida que o conteúdo de Eu^{3+} aumenta, o valor da magnetização muda, possivelmente devido a alterações no tamanho do cristalito [75]. Paredes de domínio, áreas de domínio estreito, e desenvolvimento de fase secundária ($-Fe O_{23}$), todos abrandam a revolução ou spin de materiais em nanoescala, o que ajuda a reduzir a polarização [76].Para o $CuEu_x Fe O_{2-x4}$ (x= 0,00) nanopartícula com magnetização de alta saturação, estabelecemos uma curva M-H ferromagnética suave bem acordada. x=0,00 concentração para x=0,10, depois aumentar acentuadamente com x=0,11 concentração para x=0,12 concentração, e depois cair acentuadamente com x=0,12 concentração para x=0,13 concentração, como indicado no quadro. '. Globalmente, o aumento da concentração Eu^{3+} sobre a relação óptima (1:2) decreta o valor Ms de $CuFe O_{24}$ nanopartículas significativamente [77-79]. Descobrimos que o comportamento magnético melhorado do produto é auxiliado pela sua natureza altamente cristalina e tamanho cristalino. Além disso, as características magnéticas do CuFe O_{24} nanopartículas foram indissociavelmente ligadas à quantidade de Eu^{3+} .

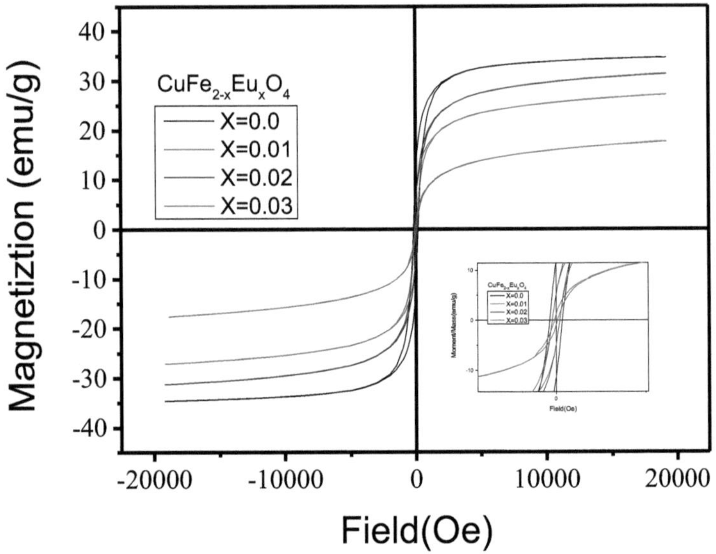

Figura 3.14 a magnetização dependente do campo (M-H) curvas para

CuEuxFe2-xO4 (onde, x= 0 a 0,03) NPs

Tabela. 3.2 Parâmetros magnéticos à temperatura ambiente para $CuEu_x$ Fe_{2-x} Eu

O_{x4} (onde, x= 0 a 0,03) NPs.

CuE u_x Fe O_{2-x4}	Senhora (magnetizaçã o de saturação)	Sr. (magnetizaçã o remanente)	Hc (Campo Coercivo)	S (ressonân cia)	Ku (anisotrop ia uniaxial)	Kc (Anisotro pia cúbica)

	(emu/g)	(emu/g)	(Oe)		(erg/Oe)	(erg/Oe)
X=0	33.374	10.779	188.08	0.322	6372.57	9807.78
X=0.01	22.961	4.688	98.746	0.169	2301.83	3542.66
X=0.02	27.712	4.890	103.448	0.202	2910.40	4479.29
X=0.03	14.342	0.922	42.319	0.064	616.18	948.34

3.4 Conclusões

Pela primeira vez, CuEuxFe2-xEuxO4 (onde x= 0 a 0,03) NPs foram produzidos utilizando uma abordagem SCS com uma combinação de combustíveis. A 38,87° e 48,96°, os padrões XRD revelam uma estrutura cúbica de espinélio com uma quantidade minúscula de fases de impureza. A imagem SEM mostra a formação de grãos de espuma seca e a estrutura porosa da amostra ao longo de todo o processo de combustão. As amostras foram testadas utilizando micrográficos SEM para determinar o tamanho médio dos grãos. A análise EDS foi utilizada para determinar a composição de uma amostra. Os parâmetros dieléctricos alteram-se em frequência. Para a ferrite de cobre, a borda do grão tem menos impacto do que o próprio grão. À medida que a concentração aumenta, os raios semicírculos diminuem, o que sugere uma diminuição do relaxamento. Quando comparada com outras concentrações, a resposta de detecção da humidade é melhor em concentrações mais elevadas. Observou-se que os tempos de resposta e de curva de recuperação eram superiores aos de amostras de ferrite comparáveis de outros laboratórios. Para aplicações de sensores, a amostra é altamente estável em concentrações maiores e tem uma forte resposta de detecção. As amostras de baixa sensibilidade podem ser utilizadas em aplicações electrónicas e de bateria.

Capítulo 4

4. Propriedades estruturais, microestruturais, eléctricas, de detecção de humidade e magnéticas do $CuEu_x Sc_y Fe2-_{(x+y)}O_4$ nanopartículas

---

4.1 Introdução

As nanopartículas de ferritas spinel receberam muitas considerações tecnológicas e científicas nas últimas décadas, especialmente nos domínios da comunicação por satélite por ressonância magnética, radar e sistemas de comunicação, dispositivos de armazenamento magnético, dispositivos nano electrónicos, bobinas de carga, biomedicina e transformadores de potência [80-85]. Devido às suas excelentes propriedades, tais como baixas perdas dieléctricas, boa estabilidade química, retentividade, resistividade dc, e grande relação superfície/volume, [80-90]. Nanopartículas de ouro, como as nanopartículas de espinel ferrites, certos tipos de nanopartículas atractivas de espinel magnético, têm relações significativas de superfície/volume [91]. Diferentes dopantes de transição de iões metálicos de terras raras podem ser utilizados para fabricar $CuFe\ O_{24}$ nanopartículas [92]. Em $CuFe\ O_{24}$ NPs, o sítio octaédrico é ocupado por íons Eu e Sc, enquanto que o sítio A é ocupado por íons Cu. Os iões Fe^{3+} , por outro lado, residirão tanto no sítio A como no sítio B. As características magnéticas das nanopartículas de ferrite fiada são principalmente determinadas por três tipos de interacções intersticiais: A-A, B-B, e A-B. Como resultado da extensa investigação deste capítulo sobre CuEuxScyFe2-(x+y)O4 NPs estruturais, dieléctricas, de detecção de humidade, e propriedades magnéticas, este capítulo fornece uma explicação aprofundada das muitas técnicas utilizadas para descrever as microestruturas das NPs.

4.2 Detalhes experimentais

4.2.1 Método de Síntese

$CuEu_x\ Sc_y\ Fe2-_{(x+y)}O_4$ NPs foram feitas utilizando um processo de combustão de solução com concentrações estequiométricas de nitratos metálicos e agentes redutores (onde x e y variam de 0 a 0,03). Nitratos metálicos (oxidantes) e combustíveis foram combinados num copo, depois misturados com $ddH_2\ O$, e agitados durante 30 minutos para se obter uma solução clara. Esta solução foi mantida a 450°C durante 20 minutos numa mufla que tinha sido pré-aquecida O pó resultante foi depois finamente moído utilizando uma argamassa de ágata e pilão. O fluxograma do método SCS de $CuEu_x\ Sc_y\ Fe2-_{(x+y)}O_4$ NPs está representado na Fig. 4.1.

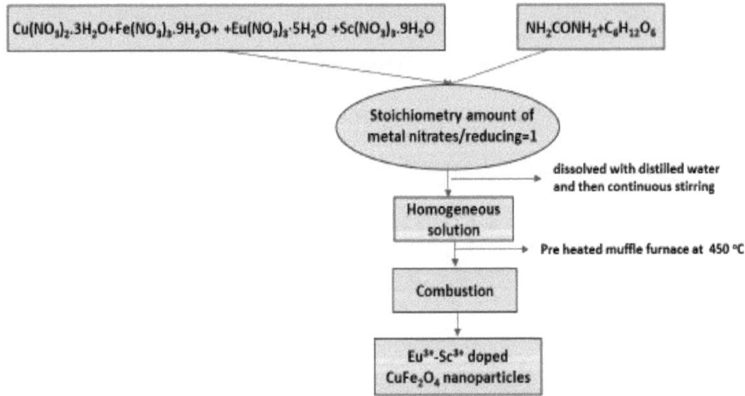

Fig. 4.1 Fluxograma do método SCS de $CuEu_x\ Sc_y\ Fe2-_{(x+y)}O_4$ NPs.

4.3 Resultados e discussões

4.3.1 Difracção de raios X

$CuEu_x Sc_y Fe2_{-(x+y)}O_4$ (onde x=y=0 a 0,03) padrões NP XRD são mostrados na Figura 4.2. Como mostrado pelo cartão JCPDS número 35-0425, o cartão JCPDS número 35-0425 tem uma estrutura cúbica spinel, que pode ser vista nos picos de difracção (2 2 0, (3 1 1), (4 0 0, (4 2 2 2), e (5 1 1). As fases secundárias de Fe O_{23} também podem ser vistas nos picos de difracção cerca de 39° e 49° [62, 93]. A decomposição da fase de ferrite pode causar a formação de fases secundárias da seguinte forma.

$$CuFe\ O_{24} \rightarrow CuO + Fe\ O_{23}$$

Em comparação com a amostra recozida a baixa temperatura, estas fases secundárias são mais aparentes na amostra preparada [94, 95]. Os parâmetros da malha (a) foram encontrados como resultado da troca de iões Fe^{3+} (0,645 Å) por iões Eu^{3+} (0,99 Å) e Sc^{3+} (0,75) iões, e um valor flutuou à medida que a concentração Eu-Sc aumentou. O D (tamanho médio de cristalito) de $CuEu_x Sc_y Fe2_{-(x+y)}O_4$ NPs foi determinado como estando na gama de 25-10 nm. A tabela 4.1 mostra o volume e comprimentos de salto que foram estimados [96].

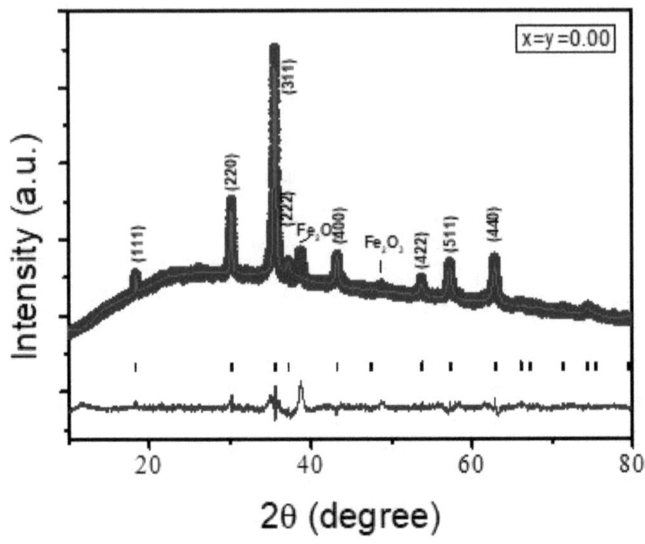
x=y =0.00
Intensity (a.u.)
(111)
(220)
(222)
(311)
Fe₂O₃
(400)
Fe₂O₃
(422)
(511)
(440)
2θ (degree)

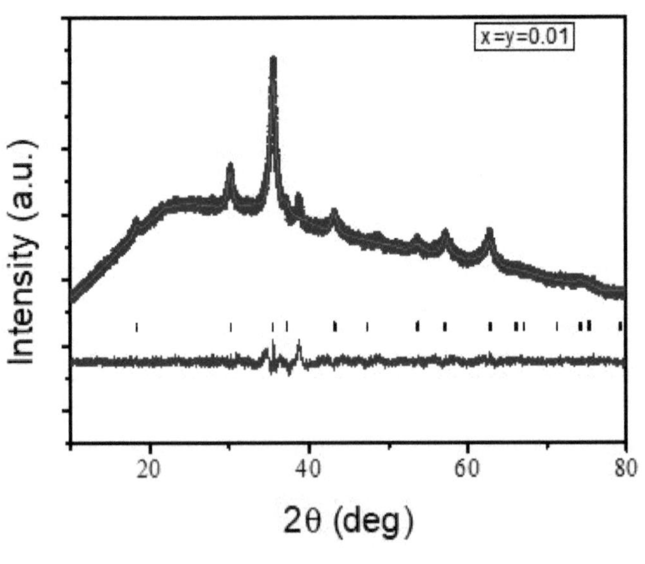
x=y=0.01
Intensity (a.u.)
2θ (deg)

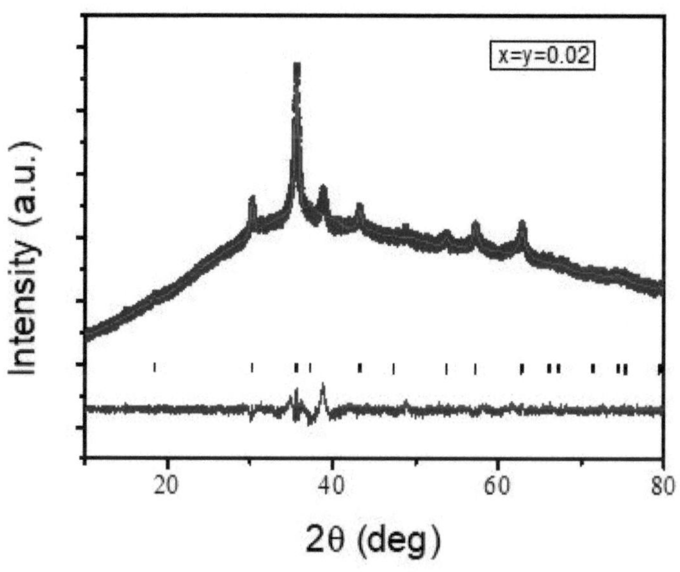

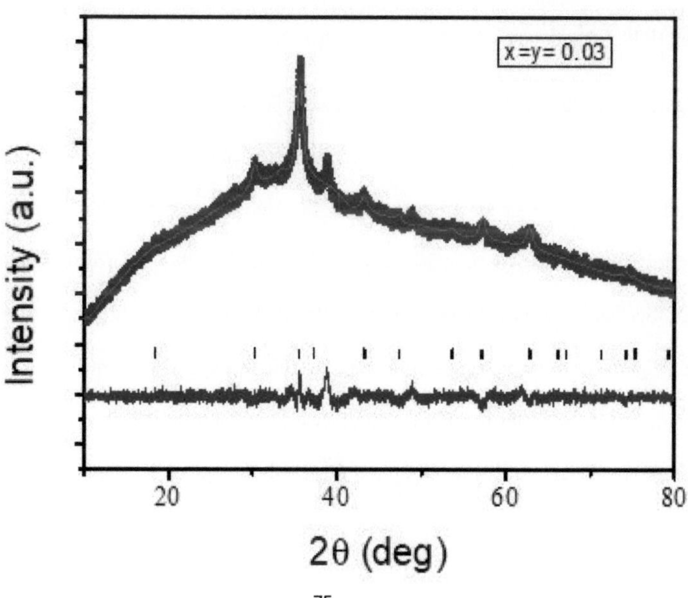

Fig. 4.2 Padrões XRD de $CuEu_x\,Sc_y\,Fe2_{-(x+y)}O_4$ (onde x= 0 a 0,03) NPs.

Table. 4.1 Structural parameters of $CuEu_xSc_yFe_{2-(x+y)}O_4$ (where x= 0 to 0.03) NPs.

Eu-Sc content	Crystallite Size D in (nm)	Lattice parameters (Å)	Volume ($Å^3$)	Hoping lengths (Å)	
				L_A	L_B
x=y= 0	25	8.126	539.29	3.518	2.873
x=y= 0.01	10	8.345	581.1855	3.613	2.950
x=y= 0.02	19	8.365	585.416	3.622	2.957
x=y= 0.03	18	8.336	579.492	3.610	2.9475

4.3.2 Análise SEM

A figura 4.3 mostra micrografias SEM de $CuEu_x\,Sc_y\,Fe2_{-(x+y)}O_4$ (onde x= 0 a 0,03) NPs. Os micrografos revelaram partículas esféricas fortemente aglomeradas. Os micrografos de cada amostra revelam uma estrutura porosa. Além disso, à medida que o número de substituições aumenta, o tamanho do grão diminui. [97, 98]. A análise elementar de $CuEu_x\,Sc_y\,Fe2_{-(x+y)}O_4$ (onde x= 0 a 0,03) NPs são demonstradas utilizando espectros de SDE (Figura 4.4) sem vestígios de elementos adicionais... A imagem do SDE de cada amostra revela picos de ferro (Fe), cobre (Cu), e impurezas $Fe\,O_{23}$ (Fig. 4). Com o aumento das concentrações de europium e escândio, os picos Eu^{3+} e Sc^{3+} sobem ainda mais.

kj 1842
SE   MAG: 14000 x   HV: -1.0 kV   WD: -1.0 mm
2 µm

kj 1804
SE   MAG: 10000 x   HV: -1.0 kV   WD: -1.0 mm
2 µm

Fig. 4.3: Micrográficos SEM de CuEu$_x$ Sc$_y$ Fe2-$_{(x+y)}$O$_4$ (onde x= 0 a 0,03) NPs.

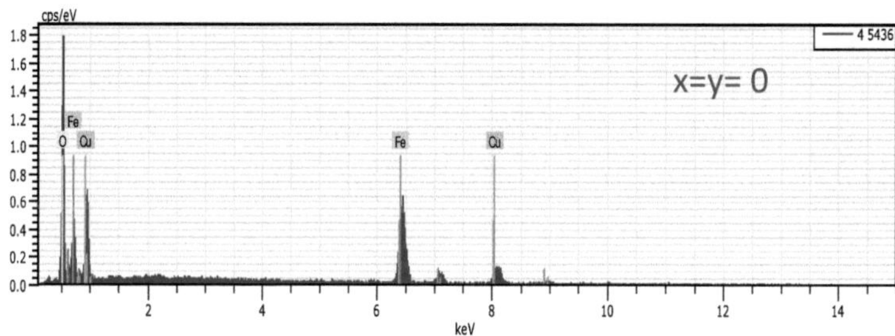

cps/eV
4 5436
x=y= 0
Fe
O Cu
Fe
Cu
keV

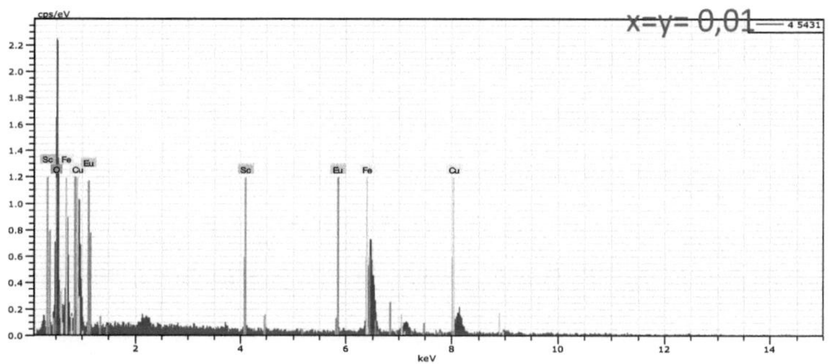

cps/eV
x=y= 0,01
4 5431
Sc Fe Eu
O Cu
Sc
Eu Fe
Cu
keV

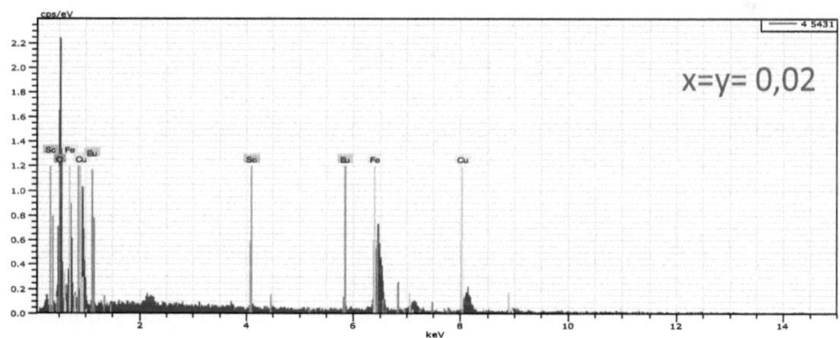

cps/eV
4 5431
x=y= 0,02
Sc Fe Eu
O Cu
Sc
Eu Fe
Cu
keV

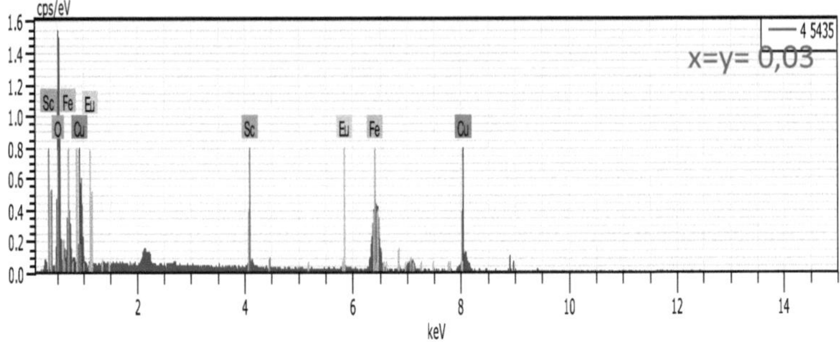

Fig. 4.4: EDS spectra de CuEu$_x$ Sc$_y$ Fe2-$_{(x+y)}$O$_4$ (onde x= 0 a 0,03) NPs.

4.3.3 Análise FTIR

CuEuxScyFe2-(x+y)O4 NPs (x=0,03 a 0,03) foram estudadas usando espectroscopia FTIR (Figura 4.5). As vibrações interatómicas são responsáveis pela maioria das bandas de absorção em óxidos metálicos, que são todas inferiores a 1000 cm-1. Os sítios A da ligação Cu-O apresentam uma banda de vibração na gama de 546,90-552,07 cm-1 nos espectros de FTIR [99]. Devido à ligação vibracional da ligação Fe-O nos sítios B-, a banda de absorção encontra-se na região 469,20-476,94 cm-1. Outras bandas podem estar ligadas ao estiramento de água de forma livre ou absorvida. Este achado revela a estrutura de espinélio das nanopartículas de ferrite na sua totalidade, o que é notável. No CuFe2O4 nanopartículas A e B, as distâncias atómicas dos complexos Fe3+-O2 controlam a constante de força (Kt). As constantes de força tetraédricas e octaédricas são mostradas nas Tabelas 4.2 e 4.3.

Tabela. 4.2: Bandas de vibração de absorção e valores constantes de força para $CuEu_x$ $Sc_y Fe2_{-(x+y)}O_4$ (onde x= 0 a 0,03) NPs.

Conteúdo Eu-Sc	Banda vibratória no site tetraédrico (cm)$^{-1}$	Faixa vibratória no site octaédrico (cm)$^{-1}$	K_T (dyne/cm)	K_O (dyne/cm)
x=y= 0	549.77	473.53	$2.211x\ 10^5$	1.640×10^5
x=y= 0,01	552.07	476.94	2.229×10^5	1.664×10^5
x=y=0,02	548.37	470.61	$2.199x\ 10^5$	1.620×10^5
x=y=0,03	546.90	469.20	2.188×10^5	1.610×10^5

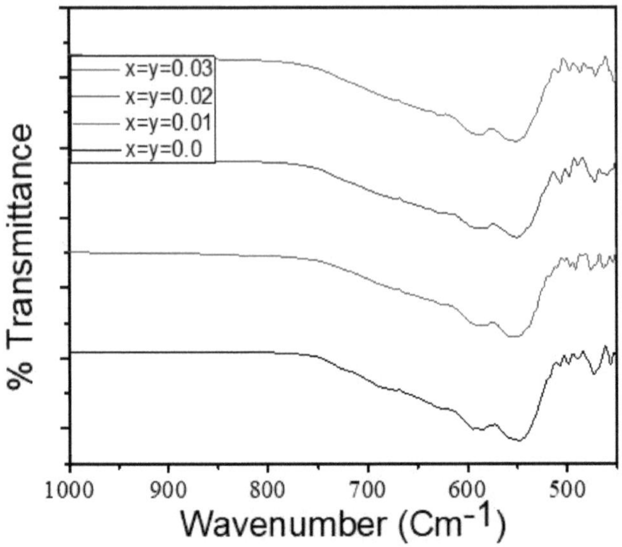

Fig. 4.5: Espectros FTIR de CuEu$_x$ Sc$_y$ Fe2-$_{(x+y)}$O$_4$ (onde x= 0 a 0.03) NPs.

4.3.4 Estudos dieléctricos

4.3.4.1 Real (ε') e parte imaginária da constante dieléctrica (ε'')

As figuras 4.6 (a) e 4.6 (b) mostram que a frequência muda com ' e '' A polarizabilidade de um material é essencial para compreender plenamente as suas propriedades dieléctricas. A dispersão dieléctrica da amostra é rápida em frequências baixas mas independente da frequência em frequências altas. A teoria de Koop e a polarização interfacial de tipo Wagner [100, 101] podem ser usadas para explicar este tipo de constante dieléctrica. É a dispersão em ferrite de cobre que causa a polarização interfacial em frequências mais baixas. Quando um campo externo é aplicado no local trivalente, os electrões são deslocados nessa direcção através de lúpulos electrónicos entre Fe2+ e Fe3+. Em amostras sintetizadas, a formação da fase Fe O_{23} causa a distorção do portador de carga de Fe^{2+} a Fe^{3+} . Com a concentração de doping, isto demonstra um comportamento não-monotónico. Os portadores de carga de electrões deslocam-se efectivamente através dos grãos e chegam às bordas dos grãos com camadas finas resistivas. As bordas dos grãos de alta resistividade separam os grãos condutores uns dos outros num material dieléctrico.

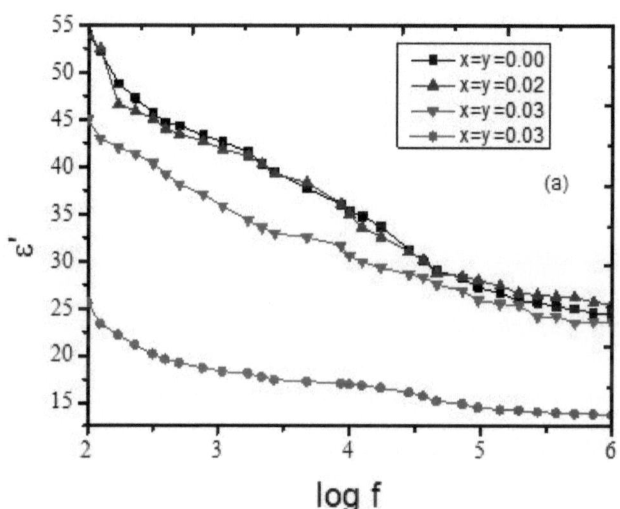

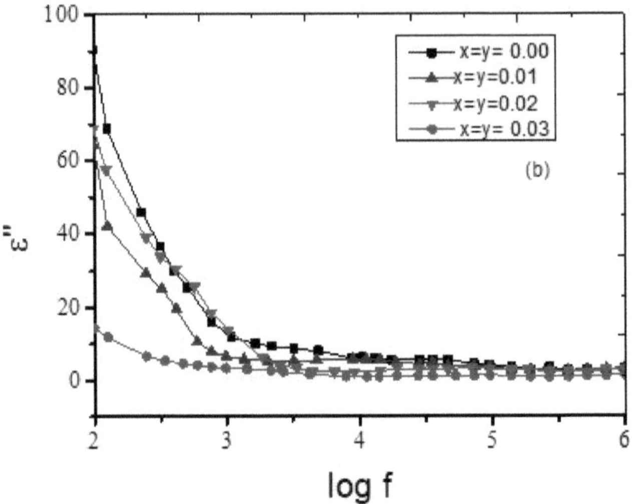

Fig. 4. 6 (a) and 4. 6 (b) The real part of dielectric constant (ε') and imaginary part of dielectric constant as function of frequency for $CuEu_xSc_yFe_{2-(x+y)}O_4$ (where x= 0 to 0.03) NPs.

4.3.4.2. Tangente de perda dieléctrica

Figura 4. 7 mostra a variação de frequência com$_y$ para $CuEu_x$ Sc tanδ Fe2-$_{(x+y)}$O4 (onde x= 0 a 0,03) NPs. A perda dieléctrica é maior no lado da frequência mais baixa. A frequência aumenta quando a perda dieléctrica cai acentuadamente. Devido à polarização interfacial e dipolar, a taxa de salto aumenta no lado da frequência mais baixa, aumentando a interacção entre os iões Fe^{2+} e Fe^{3+} [102]. A formação da fase de Fe O$_{23}$ em amostras sintetizadas faz com que o portador de carga espere ser distorcido de Fe^{2+} para Fe^{3+} . Com a concentração de doping, este apresenta um comportamento não-monotónico. Para materiais preparados, a tangente de perda representa a perda de campo aplicado no material, que é proporcional aos componentes reais e imaginários da

84

constante dieléctrica quando aplicada ao material As correntes polarizantes e a polarização de relaxamento estão frequentemente associadas a este tipo de perda. A perda da tangente dieléctrica é também causada pela rotação da polarização e pelo movimento da parede de domínio. Como o campo segue a parede de domínio, há uma dissipação maciça de calor a frequências mais baixas. A tangente da perda dieléctrica diminui e torna-se independente da frequência à medida que a frequência de campo aplicada aumenta, porque a rotação de polarização não consegue acompanhar também essa frequência. [101].

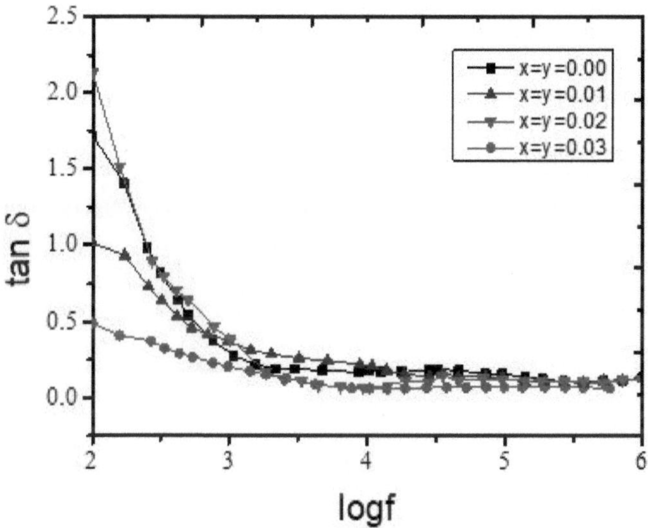

Fig. 4.7: a tangente da perda dieléctrica (tan δ) em função da frequência para CuEu$_x$ Sc$_y$ Fe2-$_{(x+y)}$O$_4$ (onde x= 0 a 0,03) NPs.

4.3.4.3 Condutividade AC

CuEu$_x$ Sc$_y$ Fe2-$_{(x+y)}$O$_4$ NPs (onde x=0 a 0,03) a frequência muda com σ_{ac} é mostrado na Figura 4.8. O σ_{ac} melhora com um aumento da frequência [104]. Na banda de frequência mais baixa com alta resistividade, o limite dos grãos torna-se cada vez mais persuasivo, resultando numa região invariável. O campo eléctrico aplicado faz com que os portadores de carga na zona de maior frequência saltem entre estados localizados, resultando num aumento da condutividade nessa zona [104]. Existe uma grande área limite de grão em nanopartículas de ferrite de cobre. Como resultado, tanto as regiões de grão como os limites de grão são essenciais em várias propriedades eléctricas [105]. Os gráficos são quase rectos em frequências elevadas, afirmando que σ_{ac} aumenta com a frequência. Fe2+ e Fe3+ podem desempenhar um papel importante no aumento da condutividade CA ao saltar iões entre eles durante o processo de condução. O modelo da camada de Maxwell-double Wagner afirma que as bordas dos grãos desempenham um papel fundamental na gama de frequências mais altas, porque se mostra que os transportadores de carga se expandem através do intergranular em grãos vizinhos. [103]. O σ_{ac} emergiu para diminuir à medida que o conteúdo Eu-Sc no CuFe O$_{24}$ nanopartículas aumentava. Com o aumento da concentração de Eu-Sc, a densidade dos grãos desce, e o σ_{ac} está demonstrado a aumentar como lúpulo de electrões entre portadores de carga em áreas de grãos.

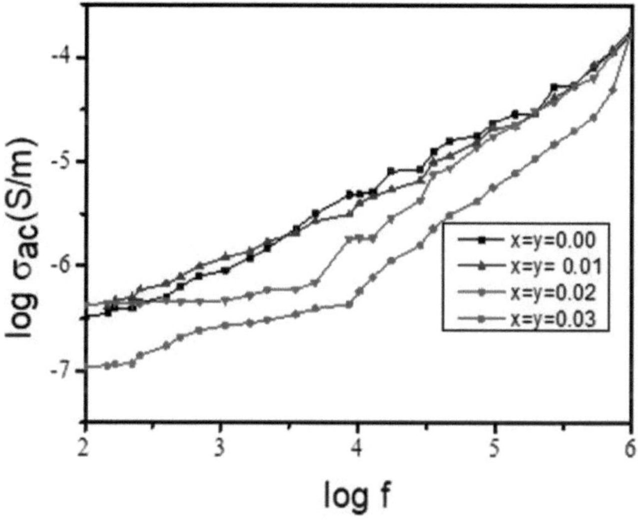

Fig. 4.8: Variação de frequência com condutividade CA do $CuEu_x\,Sc_y\,Fe2\text{-}_{(x+y)}O_4$ (onde x= 0 a 0,03) NPs.

4.3.4.4 Parte real e imaginária da impedância

A figura 4.9 (a) mostra o Z' para $CuEu_x\,Sc_y\,Fe2\text{-}_{(x+y)}O_4$ em função da frequência à temperatura ambiente (onde x=0 a 0,03). NPs. Na zona de alta frequência, toda a curva converge numa única zona de frequência. Isto pode ser causado pela libertação da polarização da carga espacial à medida que a frequência aumenta [106]. Quando a frequência é aumentada, a magnitude de Z' diminui. Para $CuEu_x\,Sc_y\,Fe2\text{-}_{(x+y)}O_4$ NPs, o Z'' é mostrado na Figura 4.9 (b) em função da frequência (x= 0 a 0.03). Uma vez atingido o seu valor máximo em frequências baixas, a Z'' continuou a diminuir com o aumento da frequência, caindo eventualmente abaixo de um valor menor em frequências mais altas. A altura da curva de pico aumentou à medida que a concentração aumentava, indicando que o tempo de relaxamento tinha aumentado. Há um pico de relaxamento na magnitude

de Z'', o que confirmou a existência de relaxamento da carga espacial. Relaxamento da

carga espacial. [106].

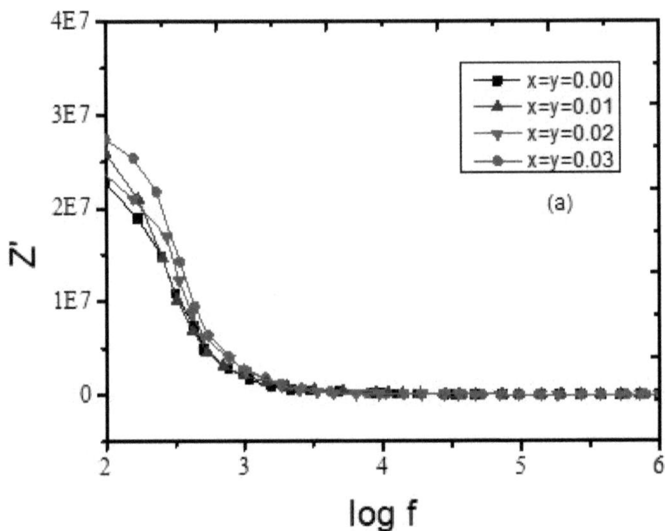

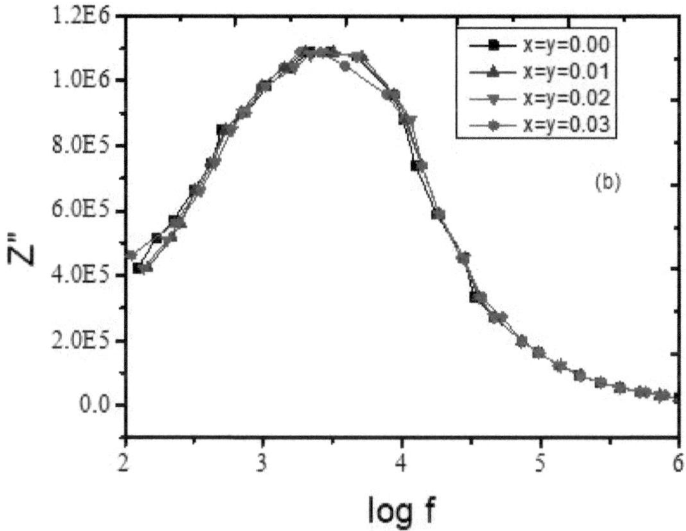

Fig. 4.9 (a) e 4.9 (b): Variação de frequência com parte real da impedância (Z′) e parte imaginária da impedância (Z′$_y$) para CuEu$_x$ Sc ′ Fe2-$_{(x+y)}$O$_4$ (onde x= 0 a 0.03) NPs.

4.3.4.5 Cole-Cole plot

O4CuEuxScyFe2-(x+y)O4 (x=0 a 0,03) é NP Este é um exemplo de um gráfico Cole-Cole (Figura 4.10). Os limites dos grãos e os grãos em ferritas de espinheiro foram estudados utilizando os formalismos acima mencionados (Figura 4.110) para ilustrar os componentes reais e imaginários da impedância em Cole-Cole. Em contraste, os resultados foram pouco impressionantes. As parcelas do módulo dieléctrico entre as partes reais e imaginárias mostram claramente semicírculos para uma certa gama de valores. Em raras circunstâncias, as parcelas de Cole-Cole entre os componentes reais e imaginários do módulo eléctrico podem fornecer resultados excepcionais. Foram vistos semicírculos em todas as amostras, salientando a relevância dos grãos e das bordas dos grãos.

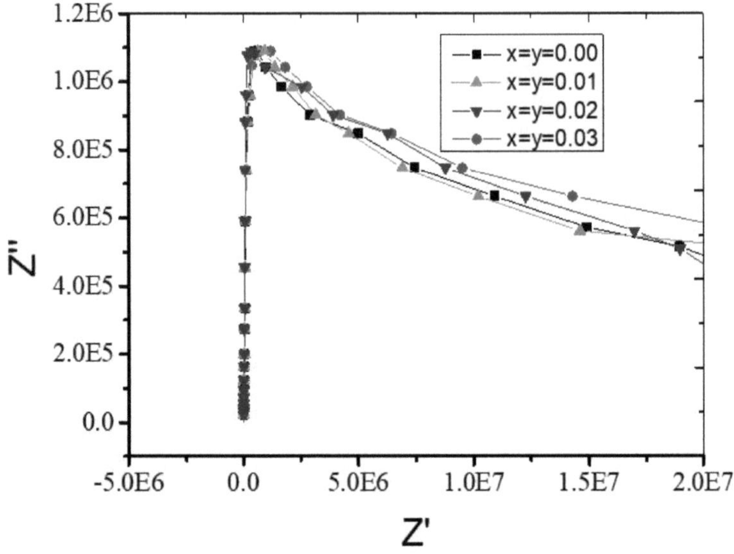

Fig. 4.10: Cole- Cole plots (Z'' v/s Z'') of $CuEu_xSc_yFe_{2-(x+y)}O_4$ (where x= 0 to 0.03) NPs.

4.3.5 Estudo magnético

$CuEu_x Sc_y Fe2_{-(x+y)}O_4$ As curvas NP M-H são mostradas na Figura 4.11 (onde x=0 a 0.03). A figura na Tabela 3 foi utilizada para estimar a magnetização de saturação (Ms), coercividade (Hc), magnetização remanente (Ms), e rácio de magnetização de saturação (Mr/Ms)[74, 108]. Tamanho do grão, interacções de troca, microestrutura, e não alinhamento de momentos magnéticos são todos factores que afectam as propriedades magnéticas dos ferrites. Nesta experiência, o Ms atingiu a sua concentração máxima de

90

x=y=0, resultando num valor emu/g de 33,374. Em relação à concentração de dopantes, a magnetização de saturação (Ms) é mostrada na Figura 4.12. As flutuações na concentração de dopante Eu-Sc baixam a magnetização de saturação. Como o tamanho do cristalito diminui à medida que a concentração de Eu-Sc aumenta, o valor de Ms diminui. Como resultado, a superfície irregular das folhas mortas magnéticas leva a uma predilecção por elas. As nanopartículas de ferrite magnética com um tamanho de cristalito mais pequeno têm mais giros magnéticos nas suas superfícies. Como a concentração Eu-Sc aumenta de x=0 para 0,03, a Ms diminui de 33,374 para 9,566 emu/g. O Ms da amostra é inversamente proporcional ao tamanho do cristalito, tal como determinado pelo XRD. O tamanho dos cristais é reduzido em resultado da substituição do dopante. À medida que o tamanho da cristalita diminui, a ordem magnética de longo alcance da amostra diminui. Devido a isto, as propriedades magnéticas degradaram-se [110]. Segue-se que, enquanto as propriedades magnéticas da publicação B diminuiriam, as da publicação A permanecerão inalteradas, resultando numa menor magnetização em ferritas de espinélio dopados e não dopados. Almessiere et al [111] relataram um comportamento magnético semelhante.

Um gráfico do campo coercivo H_c contra a concentração de dopantes é mostrado na Figura 4.13. O quadro 3 mostra que a constante de anisotropia tem uma característica anómala que leva a que Hc desça à medida que as concentrações de Eu-Sc crescem. Com uma concentração de x=y=0,00, a coercividade atingiu o seu máximo. A coercividade depende do tamanho do grão. A coercividade diminui em partículas grandes devido à estrutura multi-domínio, mas aumenta em partículas pequenas devido ao fenómeno oposto. Utilizando a estimativa Hc, o carácter magnético suave das amostras foi enfatizado, o que as torna adequadas para aplicações relacionadas com a potência. A remanência prevista (relação de aspecto) das nanopartículas de ferrite de cobre dopado

Eu-Sc foi inferior a 0,5 devido à estrutura multi-domínio das partículas. [110, 112].

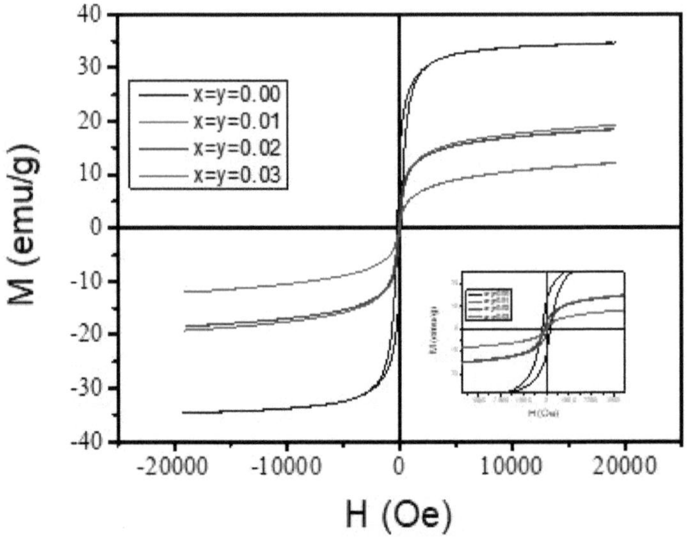

Fig. 4.11: M-H curves of $CuEu_xSc_yFe_{2-(x+y)}O_4$ (where x= 0 to 0.03) NPs.

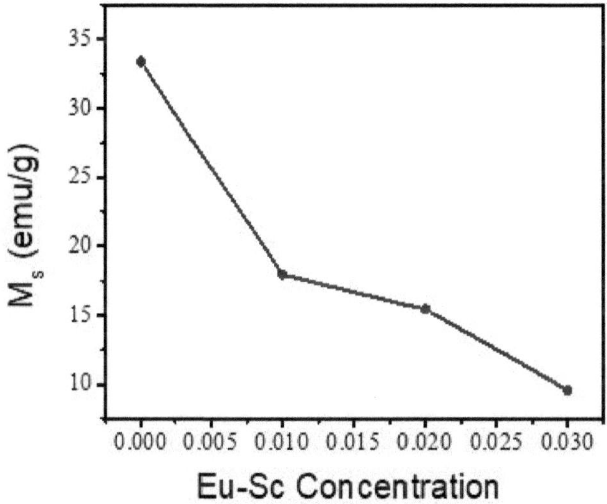

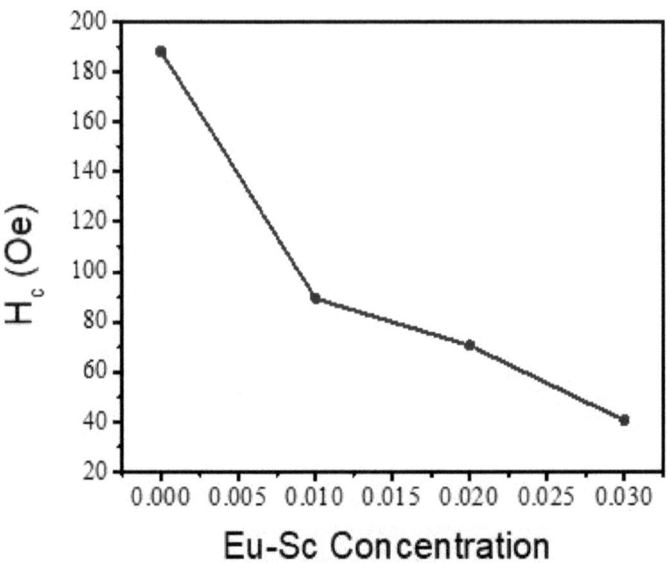

Fig. 4.13: Concentração Coerciva de Hc versus dopantes para $CuEu_x\ Sc_y\ Fe2_{-(x+y)}O_4$

(onde x= 0 a 0,03) NPs.

Table. 4.3: The magnetic parameters of $CuEu_xSc_yFe_{2-(x+y)}O_4$ (where x= 0 to 0.03)

NPs.

Eu-Sc content	M_s (saturation magnetization) (emu/g)	M_r (remanent magnetization) (emu/g)	H_c (Coercive field) (Oe)	S (remanence)	K_u (uniaxial anisotropy) (erg/Oe)	K_c (Cubic anisotropy) (erg/Oe)
x=y= 0	33.374	10.779	188.08	0.322	6372.57	9807.78
x=y= 0.01	17.957	2.59	89.34	0.144	1628.70	2506.68
x=y= 0.02	15.429	2.337	70.53	0.151	1104.77	1700.32
x=y= 0.03	9.566	0.65	40.56	0.067	393.90	606.24

4.3.6 Estudos de detecção da humidade

4.3.6.1 Resposta de detecção e resistência

Fig. 4.14 descreve a resistência (R) em função da humidade relativa do $CuEu_x Sc_y Fe2_{-(x+y)}O_4$ (onde x= 0 a 0,03) NPs. A figura revela claramente que a redução de R com o incremento de RH de 11% para 97%. A 3 mol% Eu -Sc^{3+3+} doped CuFe O_{24} nanopartículas mostram um elevado valor de resistência a 11% HR.

A resposta de detecção da humidade (S_H) de $CuEu_x Sc_y Fe2_{-(x+y)}O_4$ (onde x= 0 a 0,03) NPs foi calculada usando a seguinte equação [100].

$$S = \text{H}\frac{resistance\ at\ lower\ relative\ humidity - resistance\ at\ different\ relative\ humidity}{resistance\ at\ lower\ relative\ humidity}\ X\ 100$$

Fig. 4.15 retrata as respostas de detecção de humidade contra a RH do CuEu$_x$ Sc$_y$ Fe2-$_{(x+y)}$O$_4$ (onde x= 0 a 0,03) NPs. O gráfico ilustra claramente que à medida que a humidade relativa aumenta, o mesmo acontece com a resposta do sensor. O aumento da resposta do sensor com o aumento da concentração de Eu -Sc^{3+3+} também foi realçado pela figura, que foi atribuível a um aumento da porosidade e área de superfície com o aumento da concentração de Eu -Sc .$^{3+3+}$

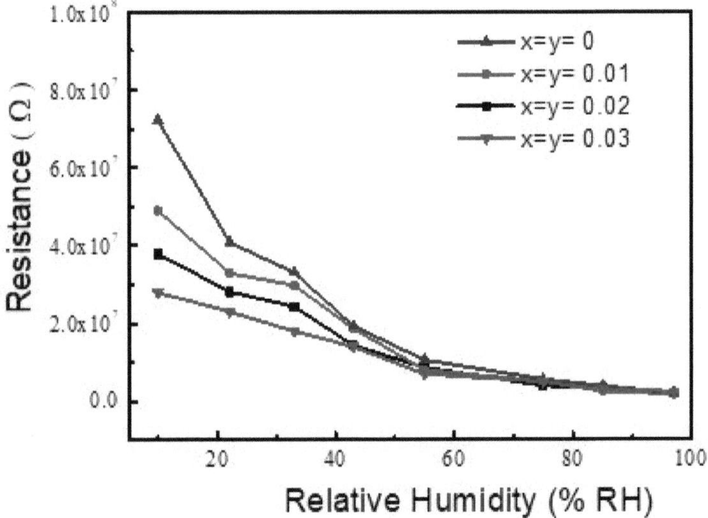

Fig. 4.14: A resistência varia com a humidade relativa do CuEu$_x$ Sc$_y$ Fe2-$_{(x+y)}$O$_4$ (onde x= 0 a 0,03) NPs.

4.3.6.2 Histerese de detecção de humidade

Curva de histerese de 3 mol% Eu -Sc^{3+3+} doped CuFe O$_{24}$ nanopartículas como mostrado na Fig. 4.16. A curva de histerese é caracterizada como o máximo contraste entre a dessorção e a adsorção. São as qualidades significativas em aplicações de sensores de humidade. As formas de humidificação e secagem do sensor quase se sobrepõem nas curvas de detecção do sensor, mostrando muito pouca histerese. Durante a adsorção de partículas de água no pedido de expansão das condições de humidade relativa foram estimadas protecções e a curva comparativa mostrou uma linearidade satisfatória. Como evidenciado pela curva de histerese, as salvaguardas previstas eram marginalmente inferiores às da técnica de adsorção durante a dessorção em condições de humidade relativa decrescente. Numa RH semelhante, estas estimativas de resistência reduzida são projectadas para serem mais lentas do que o processo de dessorção [113]. Sob humidade média e todas as gamas de humidade, a histerese máxima de humidade é de 2% a 54% de HR, tornando o material de detecção altamente adequado para a estrutura dos sensores de humidade.

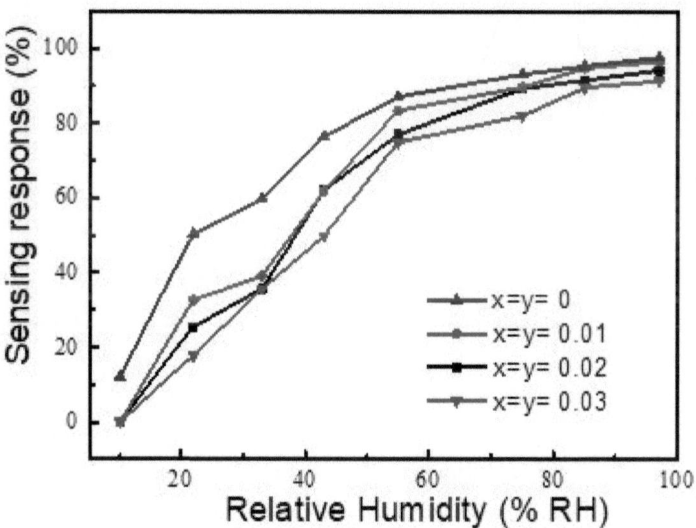

Fig. 4.15: A resposta de detecção varia com a humidade relativa do CuEu$_x$ Sc$_y$ Fe2-$_{(x+y)}$O$_4$ (onde x= 0 a 0,03) NPs.

4.3.6.3 Estabilidade

Curvas de estabilidade sensorial dos 3 mol% Eu -SC^{3+3+} doped CuFe O$_{24}$ nanopartículas medidas através do registo da resposta sensorial sem um momento de atraso em dez dias através de um tempo de 60 dias para dois ambientes diferentes de humidade relativa%, durante um tempo de 60 dias e foi visto como estável na sua exposição, como se pode ver na Fig.4.17. Esta execução estável do 3 mol% Eu -SC^{3+3+} doped CuFe O$_{24}$ nanopartículas, seria uma preferência adicional na fabricação de um sensor de humidade efectiva [114].

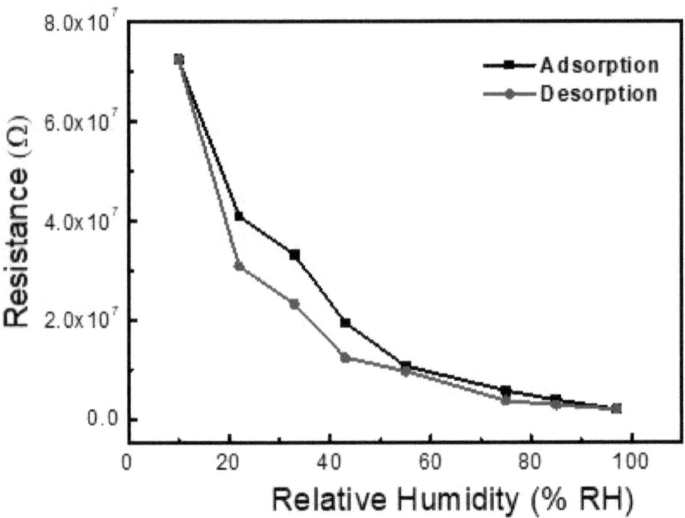

Fig.4.16: Curva de histerese de CuEu$_x$ Sc$_y$ Fe2-$_{(x+y)}$O$_4$ (onde, x=y= 0.03) NPs.

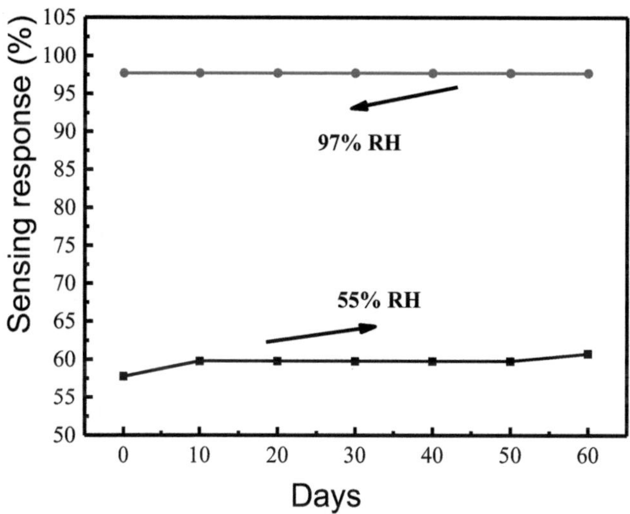

Fig. 4.17: Curvas de estabilidade sensoriais do $CuEu_x$ Sc_y $Fe2_{-(x+y)}O_4$ (onde, x=y= 0.03) NPs.

4.3.6.4 Tempo de resposta de detecção e recuperação (SRR)

As investigações do SRR são essenciais para um sensor de humidade eficaz. Fig. 4.18 mostra a curva temporal SRR dos 3 mol% Eu -SC^{3+3+} doped CuFe O_{24} nanopartículas. O tempo SR (resposta de detecção) do tempo R (recuperação) foi registado em 39 seg. e 40 seg., respectivamente. É verdade que os tempos SR e R diferem ligeiramente, contudo isto deve-se ao facto de a adsorção ser maior do que a dessorção, uma vez que se trata de um processo exotérmico, enquanto que a dessorção é uma actividade endotérmica, assumindo que a detecção de humidade está presente. [115]. Um resultado desta investigação é que estes espécimes podem ser utilizados para desenvolver

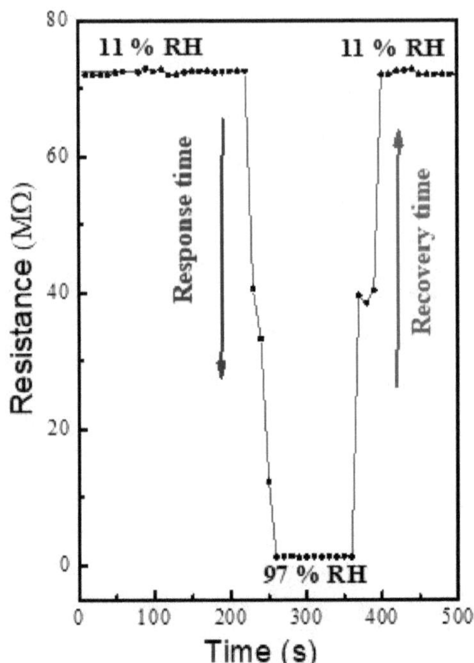

sensores.

Fig. 4.18: Sensing response and recovery time curve of the 3 mol% Eu^{3+}-SC^{3+} doped

$CuFe_2O_4$ nanoparticles

4.4 Conclusão

Para $CuEu_x$ Sc_y $Fe2_{-(x+y)}O_4$ NPs, os padrões XRD confirmam que a estrutura cúbica do

espinélio existe. As fases secundárias de Fe O_{23} também podem ser vistas nos picos de

difracção cerca de 39° e 49° . Devido à dopagem de iões Fe^{3+} (0,645 Å) por Eu^{3+} (0,99 Å)

e Sc^{3+} (0,75 Å), os parâmetros da malha mudaram um pouco à medida que a concentração de Eu^{3+} e Sc^{3+} aumentou. Os micrografos revelaram partículas esféricas fortemente aglomeradas. O carácter muito poroso é também confirmado pelos micrografos SEM. A criação da estrutura cúbica do espinélio é confirmada por espectros FTIR. Foi realizada uma investigação sobre a dependência de frequência das características dieléctricas e da condutividade AC. As características dieléctricas diminuíram à medida que a frequência aumentava. Quanto maior a frequência da corrente alternada (CA), maior a condutividade. Foram analisados os componentes genuínos e fictícios dos espectros de impedância. De acordo com o Cole-Cole, uma amostra não pode incluir mais do que um semicírculo. A impedância eléctrica e a condutividade do material podem ser determinadas através da análise do gráfico Cole-Cole para cada curva do arco semicircular. É necessário utilizar o laço de histerese magnética a fim de ilustrar a propriedade ferromagnética suave. Tal como a concentração de Eu-Sc aumentou, o mesmo aconteceu com a magnetização de saturação, coercividade e magnetização de remanência. As amostras aqui geradas têm um carácter magnético suave, o que as torna adequadas para aplicações relacionadas com a potência. É excepcionalmente rápido quando comparado com outras concentrações para detectar a humidade. Em comparação com outras amostras de ferrite, as nossas tiveram períodos de resposta e recuperação semelhantes. A amostra é particularmente estável em concentrações mais elevadas e tem uma forte resposta de detecção para aplicações de sensores.

5. Estudos estruturais, magnéticos e de detecção de humidade do CuBi$_x$ Fe O$_{2-x4}$ nanopartículas

5.1 Introdução:

Os NPs de ferrite de cobre têm recebido muita consideração ultimamente devido às suas características únicas [86, 116-118], tais como capacidades eléctricas e magnéticas suaves. Como resultado, prevê-se que as nanopartículas de ferrite de cobre sejam investigadas e avançadas para aplicações industriais tais como transformadores, armazenamento de dados, e dispositivos de alta recorrência [86, 114]. O diferencial nas características das nanopartículas é principalmente atribuído à medida da cristalita, que se baseia na divisão de iotas na superfície em relação ao volume [119]. A estrutura cúbica inversa de espinel de CuFe O$_{24}$ (ferrite de cobre) nanopartículas [62, 120-124]. Os materiais sensores e engenhocas são actualmente muito utilizados na ciência e inovação. A purificação de gases químicos, embalagem de alimentos, fabrico de têxteis, agricultura e medicina são apenas algumas das aplicações para dispositivos sensores de humidade [74, 125]. Sensores de humidade feitos de substâncias naturais, cerâmicas e polímeros. Com uma histerese mínima e uma solidez elevada, os materiais detectores de humidade estão a progredir na sua detecção de reacção, reacção e tempo de recuperação. Os materiais de base cerâmica são superiores a todos os outros materiais detectores em termos de qualidade mecânica, estabilidade mecânica e química, e operabilidade numa vasta gama de malformações; uma melhor opção em comparação com todos os outros materiais detectores. [102, 126-127]. Os materiais à base de cerâmica são muito melhores; uma melhor opção em termos de estabilidade mecânica e química, capacidade de operar numa variedade de situações de maliabilidade, e baixo custo em comparação com todos os materiais detectores [102, 126].

Neste capítulo, o bismuto substituiu o $CuFe\,O_{24}$ NPs foram produzidos utilizando uma técnica de combustão de solução. Queremos analisar as propriedades estruturais, magnéticas e de detecção de humidade do $CuBi_x\,Fe\,O_{2-x4}$ NPs (onde x= 0 a 0,03).

5.2 Detalhes experimentais

5.2.1 Método de Síntese

A combustão da solução foi utilizada para fazer $CuBi_x\,Fe\,O_{2-x4}$ (onde x= 0 a 0,03) NPs utilizando a quantidade estequiométrica de oxidantes e rácios de agentes redutores definidos para a unidade. Num copo de vidro borosil, a quantidade estequiométrica de nitrato de cobre, nitrato de bismuto, nitrato férrico, carbamida, e glucose foram misturados com um $ddH_2\,O$. Foi utilizado um agitador magnético para agitar o líquido durante cerca de 60 minutos, a fim de obter uma solução homogénea. Foi utilizado um forno com um forno ao estilo de caixa para manter esta solução homogénea a 450 graus Celsius durante 20 minutos. Argamassa de ágata e pilão e argamassa foram utilizados para moer completamente a camada de pó. A figura 5.1 mostra o fluxograma do processo SCS para $CuBi_x\,Fe\,O_{2-x4}$ NPs (onde x= 0 a 0,03).

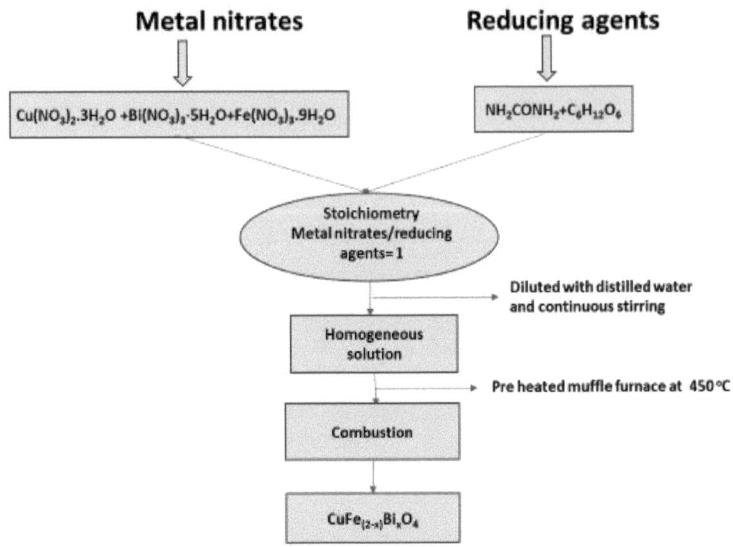

Fig. 5.1 The flow chart of solution combustion technique $CuBi_xFe_{2-x}O_4$ (where x= 0

to 0.03) NPs.

5.3 Results and discussions

5.3.1 Difracção de raios X

A figura 2 mostra os padrões refinados de XRD dos CuBixFe2-xO4 NPs. Foi confirmado que a estrutura cúbica do espinélio foi encontrada por picos de padrões reined-XRD que correspondem ao cartão JCPDS número 35-0425. Os picos de difracção a 39,01o e 48,95o, que coincidem com os dados do JCPDS 89-0596, podem mostrar fases secundárias de Fe2O3. É [108, 128].

Os valores 'a' (parâmetro da malha) flutuam com a concentração de bismuto devido ao contraste entre o raio iónico Bi3+ (1,03Å) e o raio iónico Fe+ (0,67Å). O tamanho médio do cristalito diminui à medida que a quantidade de Bi^{3+} aumenta devido à distorção da malha. Utilizando os comprimentos magnéticos de esperança L_A e L_B , a distância entre

os iões magnéticos nos locais A e B pode ser determinada (Tabela 5.1) [129].

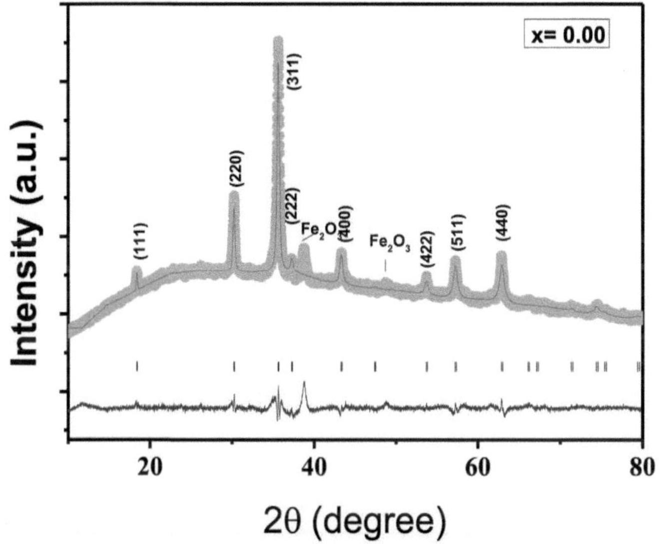

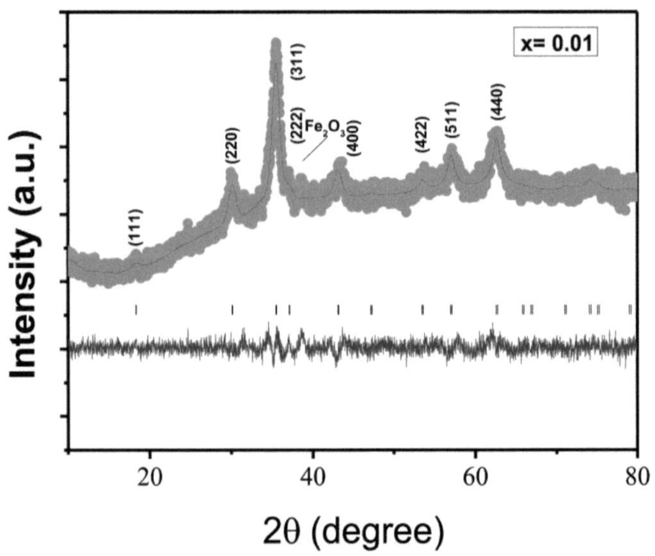

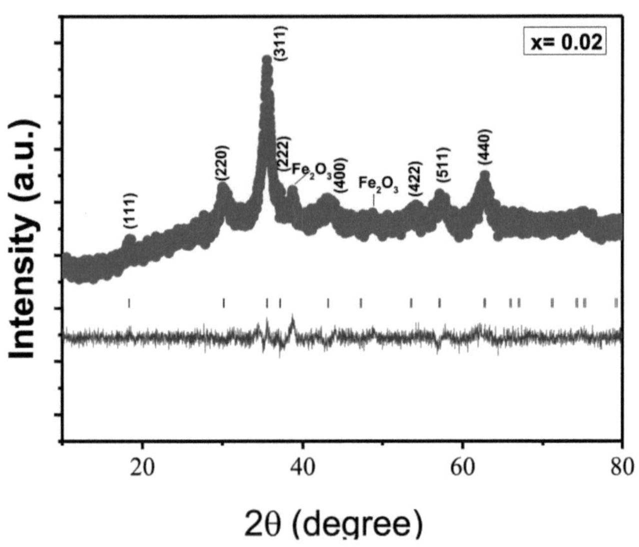

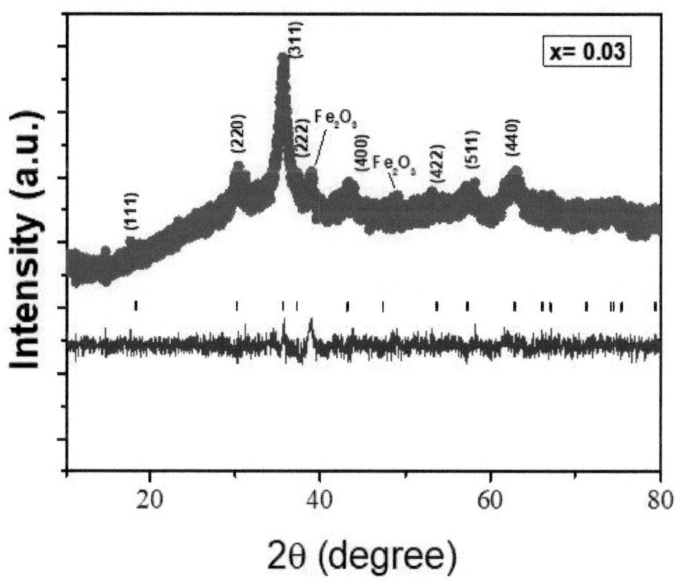

Fig. 5.2 Padrões XRD do CuBi$_x$ Fe O$_{2-x4}$ (onde x= 0 a 0,03) NPs.

Tabela. 5.1: Parâmetros estruturais do CuBi$_x$ Fe O$_{2-x4}$ (onde x= 0 a 0.03) NPs

x conteúdo	Crystallite Tamanho D em (nm)	Tensão Є (radiano) X 10^{-3}	Parâmetros de malha (Å)	Volume (Å)^3	Compriment o de esperança (Å)	
					L$_A$	L$_B$
x= 0	25	1.38	8.126	539.29	3.518	2.873
x= 0.01	9.38	3.94	8.176	549.32	3.540	2.890

x= 0.02	8.97	4.428	8.169	547.94	3.537	2.888
x= 0.03	5.77	17.53	8.162	546.63	3.534	2.885

5.3.2. TEM:

Micrográficos TEM do $CuBi_x$ Fe O_{2-x4} nanopartículas são mostradas na Fig. 5.3. Como resultado da configuração octaédrica dos iões Bi3+, que exerce uma pressão substancial sobre a malha e os limites dos grãos devido aos seus maiores raios iónicos, a formação de grãos é retardada. Além disso, as amostras de nanopartículas dopadas geraram aglomerados maciços que eram claramente visíveis nas micrografias TEM e forneceram provas convincentes das elevadas propriedades magnéticas dos materiais [37]. Na Fig. 5, padrões SAED do $CuBi_x$ Fe O_{2-x4}. O padrão SAED comparativo revelou os reflexos únicos que são ideais para a ferrite cúbica de espinélio. Os pontos brilhantes e os anéis concêntricos do padrão SAED confirmam a composição policristalina do material.

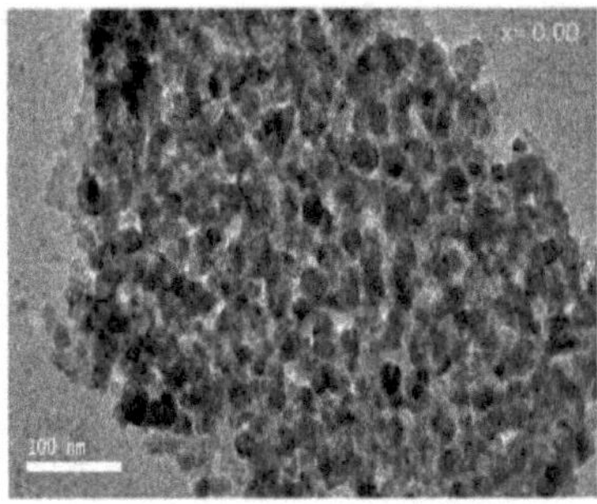

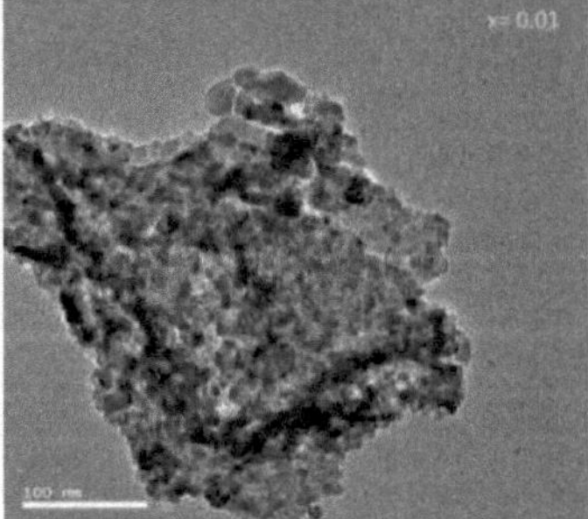

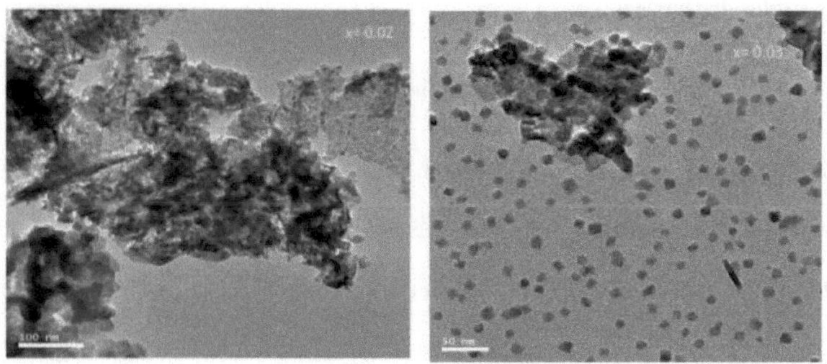

Fig. 5.3 Micrográficos TEM CuBi$_x$ Fe O$_{2\text{-x4}}$ (onde, x= 0,00 0,01, 0,02 e 0,03) NPs

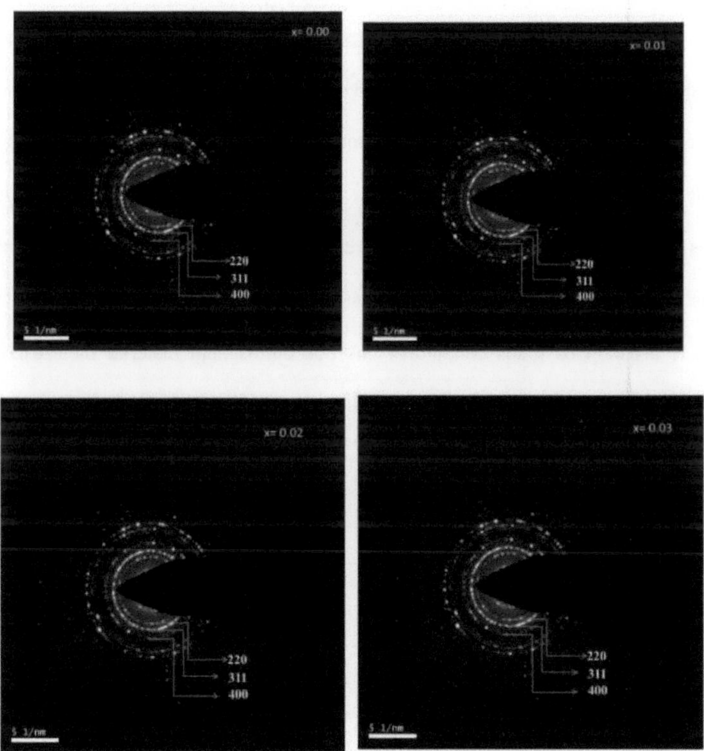

Fig. 5.4 Padrões SAED do CuBi$_x$ Fe O$_{2\text{-x4}}$ (onde, x= 0,00 0,01, 0,02 e 0,03) NPs

5.3.3 Estudos dieléctricos

5.3.3.1 Real (ε') e parte imaginária da constante dieléctrica (ε'')

A e B mostram a flutuação de frequência com ′ e ″, respectivamente. A polarizabilidade de um material é essencial para compreender plenamente as suas propriedades dieléctricas. A dispersão dieléctrica da amostra é independente da frequência em frequências mais baixas, mas é dependente da frequência em frequências mais altas. A teoria de Koop e a polarização de tipo interfacial de Wagner podem explicar este tipo de constante dieléctrica [100, 101]. A dispersão em ferrite de cobre ocorre numa gama de frequências mais ampla a frequências mais baixas, o que leva à polarização interfacial. Os electrões no local trivalente estão a ser deslocados na direcção do campo externo como resultado do salto dos electrões entre Fe2+ e Fe3+. Em amostras sintetizadas, a formação da fase Fe O_{23} provoca a distorção do portador de carga de Fe^{2+} para Fe^{3+} . Com a concentração de doping, isto demonstra um comportamento não-monotónico. Os portadores de carga de electrões deslocam-se efectivamente através dos grãos e chegam às bordas dos grãos com camadas finas resistivas. As bordas dos grãos de alta resistividade separam os grãos condutores uns dos outros num material dieléctrico. Eficazes nas gamas de alta e baixa frequência, os limites dos grãos e grãos

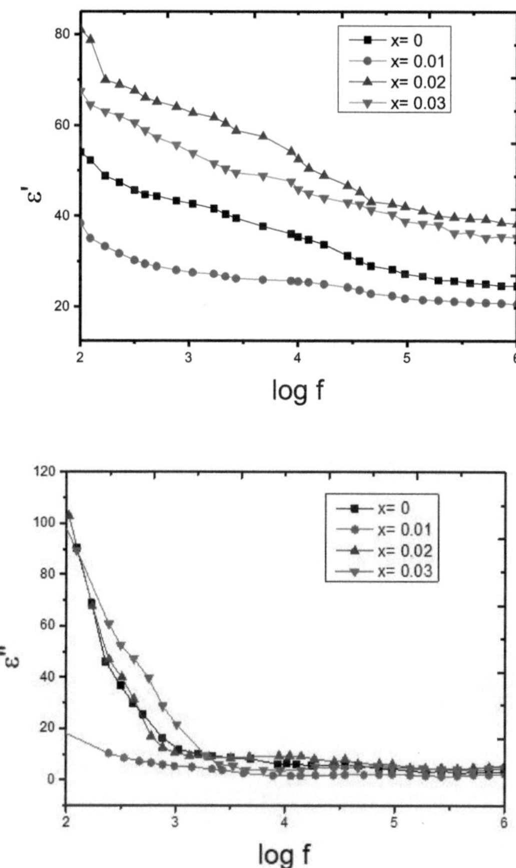

Fig 5.5 (a) e 5.5 (b) A parte real da constante dieléctrica e parte imaginária da constante dieléctrica em função da frequência para $CuBi_x Fe O_{2-x4}$ (onde, x= 0.00, 0.01, 0.02, 0.03) NPs

5.3.3.2. Tangente de perda dieléctrica

A figura 5.6 mostra a variação de frequência com $_{2-x}$ para $CuBi_x Fe \tan\delta O_4$ (onde x= 0 a 0,03) NPs. A perda dieléctrica é maior no lado da frequência mais baixa. A frequência aumenta quando a perda dieléctrica cai acentuadamente. Devido à polarização interfacial e dipolar, a taxa de salto aumenta no lado da frequência mais baixa, aumentando a interacção entre os iões Fe^{2+} e Fe^{3+} [102]. A formação da fase de Fe O_{23} em amostras sintetizadas faz com que o portador de carga espere ser distorcido de Fe^{2+} para Fe^{3+}. Com a concentração de doping, este apresenta um comportamento não-monotónico. A tangente de perda de um material representa a perda do campo aplicado no material, que é proporcional aos componentes reais e imaginários da constante dieléctrica. A polarização da relaxação e a corrente polarizante estão frequentemente associadas a essa perda. A rotação de polarização e o movimento da parede de domínio podem contribuir para a perda da tangente dieléctrica. O calor de baixa frequência é rapidamente dissipado à medida que o campo acompanha a parede de domínio. A tangente de perda dieléctrica diminui e torna-se independente da frequência à medida que a frequência de campo aplicada aumenta, porque a rotação de polarização não consegue acompanhar também essa frequência. [101].

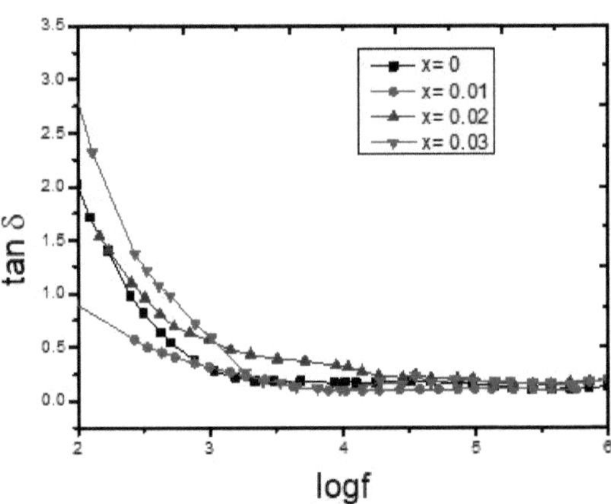

Fig. 5.6: the dielectric loss tangent (tan δ) as function of frequency for $CuBi_xFe_{2-x}O_4$

(where x= 0 to 0.03) NPs.

5.3.3.3 Condutividade AC

$CuBi_x$ Fe O_{2-x4} NPs (onde x=0 a 0,03) muda de frequência com σ_{ac} é mostrado na Figura 5.7. O σ_{ac} melhora com um aumento da frequência [104]. Na banda de frequência mais baixa com alta resistividade, o limite dos grãos torna-se cada vez mais persuasivo, resultando numa região invariável. O campo eléctrico aplicado faz com que os portadores de carga na zona de maior frequência saltem entre estados localizados, resultando num aumento da condutividade nessa zona [104]. Existe uma grande área limite de grão em nanopartículas de ferrite de cobre. Como resultado, tanto as regiões de grão como os limites de grão são essenciais em várias propriedades eléctricas [105]. Os gráficos são quase rectos em frequências elevadas, afirmando que σ_{ac} aumenta com a frequência. Fe2+ e Fe3+ podem desempenhar um papel importante no aumento da condutividade CA ao saltar iões entre eles durante o processo de condução. O modelo da camada de Maxwell-double Wagner afirma que as bordas dos grãos desempenham um papel fundamental na gama de frequências mais altas, porque se mostra que os transportadores de carga se expandem através do intergranular em grãos vizinhos. [103]. O σ_{ac} emergiu para diminuir à medida que o conteúdo Eu-Sc no CuFe O_{24} nanopartículas aumentava. Com o aumento da concentração de Eu-Sc, a densidade dos grãos desce, e o σ_{ac} está demonstrado a aumentar como lúpulo de electrões entre portadores de carga em áreas de grãos.

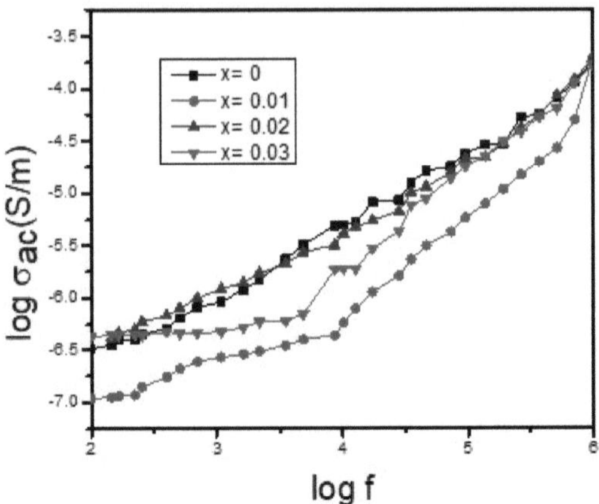

Fig. 5.7: Variação de frequência com condutividade CA do $CuBi_x Fe O_{2-x4}$ (onde x= 0 a 0,03) NPs.

5.3.2 Estudo magnético

A figura 5.8 ilustra a magnetização do $CuBi_x Fe O_{2-x4}$ (onde x= 0 a 0,03) NPs à temperatura ambiente em função do campo magnético aplicado. Os NPs de ferrite de cobre, tanto puros como dopados, apresentam natureza ferromagnética. Como demonstrado pelo campo coercivo e magnetização, a presença de iões de bismuto numa malha de espinélio influencia a actual ligação de troca magnética entre os diferentes cátions presentes na malha de espinélio. De 170 a 130 Oe e 30 a 10 emu/g para x= 0,03-0,03, os valores de Hc e Ms foram descobertos. Quando Bismuto é substituído por Cu, a ferrite de Cu mantém as suas propriedades magnéticas suaves, segundo os testes magnéticos (Fig. 3). Os dados para M_r , M_s , H_c , H_c , S, K_u , e K_c são apresentados no Quadro 2...

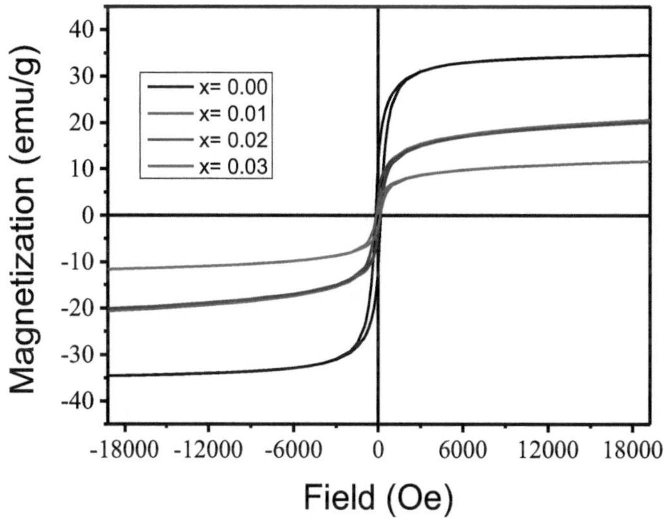

Fig. 5.8M-H loops do CuBi$_x$ Fe O$_{2-x4}$ (onde x= 0 a 0.03) NPs.

Os iões de substituição Bi^{3+} causam ocupação catiónica e migração nos locais A/B, o que resulta numa diminuição do magnetismo neste estudo. Como os sítios B são maiores do que os sítios A, os iões mais pequenos podem aceder aos sítios B, mas através dos sítios A [130]. Os cátions Cu2+, Fe3+, e Bi3+ têm momentos magnéticos de 2, 5, e 0B, respectivamente. O Fe3+ do sítio A é deslocado para o sítio B à medida que os iões Bi3+ ocupam espaço e diluem o momento magnético do sítio A. Quando os níveis de Fe3+ no local B sobem, a magnetização líquida, a diferença entre os sub-lattiões B e A, sobe. Os iões Bi3+ são transferidos dos locais B para A, enquanto alguns iões Fe3+ são transferidos dos locais B para A, de acordo com a redução do magnetismo, reduzindo assim a

115

magnetização líquida e diminuindo assim o momento magnético no ponto A. Esta explicação é compatível com pesquisas anteriores [131-133], mas com ferritas diferentes. O tamanho das partículas, dopante, anisotropia, temperatura e composição, todos têm uma grande influência na coercividade (H_c) ou forças coercivas. A diminuição da anisotropia causa a queda linear em H_c com concentração de Bi^{3+} . A queda observada na coercividade pode ser atribuída a uma diminuição da anisotropia magnética, que é proporcional à coercividade.

Tabela 5.2 Parâmetros magnéticos do $CuBi_x Fe O_{2-x4}$ (onde x= 0 a 0,03) NPs.

x content	Remanence M_r (emu/g)	Saturation magnetization M_S (emu/g)	Reduced remanence $S=M_r/M_S$	Coercivity H_c (Oe)	Uniaxial anisotropy K_u (erg/cm^3)	Cubic anisotropy constant K_c (erg/cm^3
x= 0	11.38	33.48	0.3399	181.24	9481.11	6160.32
x= 0.01	3.88	18.18	0.2134	139.98	3976.30	2583.59
x= 0.02	3.79	17.80	0.2129	137.16	3814.76	2478.62
x= 0.03	2.07	11.82	0.1751	135.48	2502.14	1625.76

5.3.3 Estudos de detecção da humidade

5.3.3.1 Resistência e resposta de sensoriamento

Fig. 5.9 descreve a resistência (R) em função da humidade relativa do $CuBi_x$ Fe O_{2-x4} (onde x= 0 a 0,03) NPs. A figura revela claramente que a redução de R com o incremento de RH de 11% para 97%. A 3 mol% Bi^{3+} doped CuFe O_{24} nanopartículas mostram um elevado valor de resistência a 11% HR.

Para CuBixFe2-xO4 NPs, a resposta de detecção da humidade foi determinada usando esta equação [100].

$$S = {}_H\frac{resistance\ at\ lower\ relative\ humidity - resistance\ at\ different\ relative\ humidity}{resistance\ at\ lower\ relative\ humidity}\ X\ 100$$

Fig. 5.5 retrata as respostas de detecção de humidade contra a RH do $CuBi_x$ Fe O_{2-x4} (onde x= 0 a 0.03) NPs. O gráfico ilustra claramente que à medida que a humidade relativa aumenta, o mesmo acontece com a resposta do sensor. O aumento da resposta de detecção com aumento da concentração de Bi^{3+} também foi realçado pela figura, que foi atribuível a um aumento da porosidade e área de superfície com aumento da concentração de Bi .[3+]

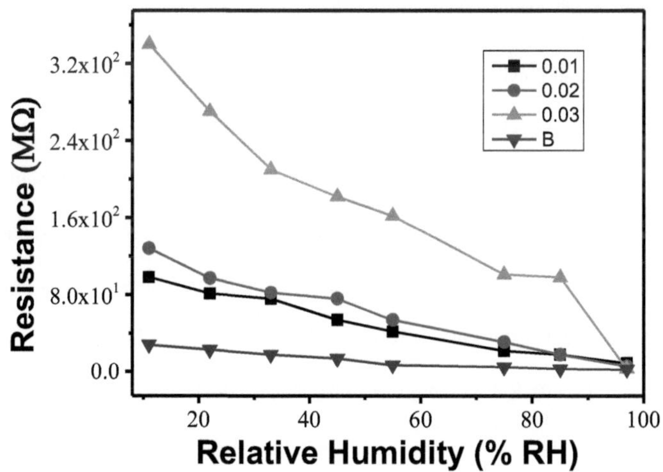

Fig. 5.9 the variation of resistance with %RH for $CuBi_xFe_{2-x}O_4$ (where x= 0 to 0.03) NPs.

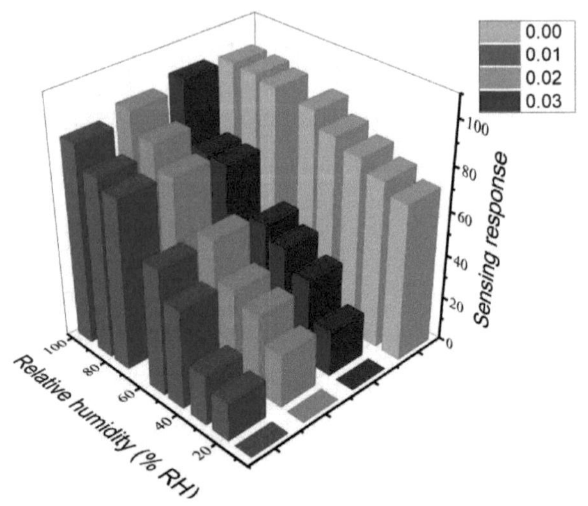

Fig. 5.10 The variation of humidity sensing response (%) with RH of $CuBi_xFe_{2-x}O_4$ (where x= 0 to 0.03) NPs.

5.3.3.2 Resposta de detecção e recuperação (SRR)

A investigação do tempo SRR de humidade é necessária para o fabrico de dispositivos de detecção de humidade do material. A figura 5.11 mostra a curva SR (resposta do sensor) e R (recuperação). Como o SR a 3 mol por cento de conteúdo de bismuto é tão bom em comparação com outros conteúdos dopados de bismuto, o tempo SR e R foram avaliados unicamente para essa concentração. Como resultado, utilizámos duas câmaras para a resposta de detecção e investigações de recuperação, com a câmara 1st tem 11% de RH e a câmara 2nd tem 95% de RH. O tempo de troca de cada situação é de um segundo na nossa disposição. Foram necessários 73 segundos para a amostra passar de 11% de humidade relativa para 97% de humidade relativa, e 36 segundos para a amostra regressar de 97% de humidade relativa para 11% de humidade relativa. O tempo de resposta do sensor difere apenas pouco do tempo de recuperação. Isto significa que estas amostras poderão vir a ser utilizadas no futuro para desenvolver sensores. As amostras de CuFe2O4 substituídas por Bi3+ respondem e recuperam um pouco mais rapidamente do que as amostras de CuFe2O4 dopadas com Europium, através destas pesquisas. [100].

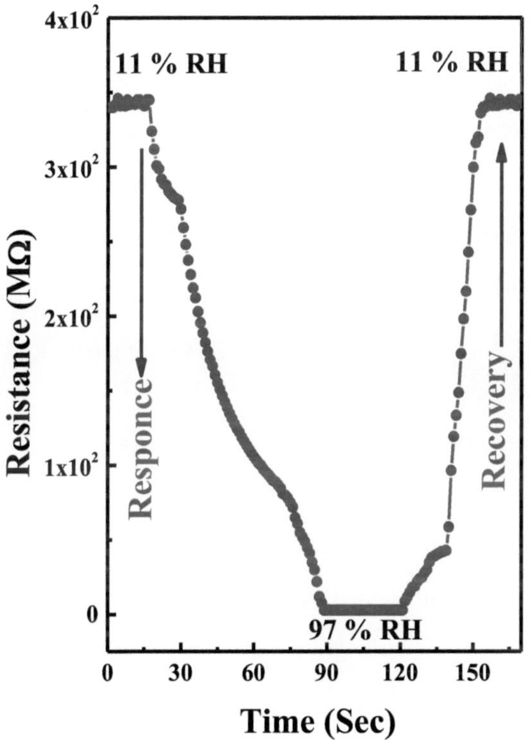

Fig. 5.11 A curva SSR para CuBi$_x$ Fe O$_{2-x4}$ (onde x= 0) NPs.

5.3.3.3 Estabilidade

Quando se trata da aplicação prática do material de detecção, os testes de estabilidade são os mais importantes... Neste estudo, a amostra de 3 mol por cento de bismuto dopado CuFe O_{24} foi avaliada a cada sete dias durante 54 dias sob RH de 97 por cento RH e 33 por cento RH. À temperatura ambiente, as curvas de estabilidade para 3 mol por cento de bismuto substituíram o CuFe O_{24} amostra a 33 por cento de RH e 97 por cento de RH são apresentadas na Fig. 5.12. O gráfico ilustra claramente que ambas as amostras têm uma reactividade extremamente estável ao longo do tempo. O material sensor de humidade é altamente estável à temperatura ambiente a maiores concentrações de ferrite de cobre dopada com bismuto, como resultado das investigações. Como as concentrações mais baixas de CuFe dopado com bismuto O_{24} têm uma resposta de detecção mais fraca do que as concentrações mais elevadas, as concentrações mais baixas de CuFe dopado com bismuto O_{24} não foram examinadas quanto à estabilidade. A bateria e os cabos eléctricos são duas áreas onde a utilização de ferritas com baixa resposta de detecção pode ser benéfica. [135-136]

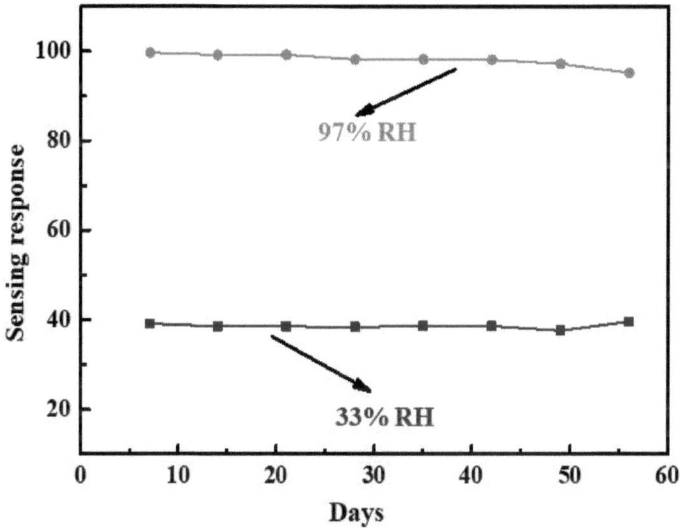

Fig. 5.12 As curvas de estabilidade do $CuBi_x Fe O_{2-x4}$ (onde x= 0) NPs a 33% HR e

97% HR.

5.3.3.4 Histerese

A figura 5.13 mostra que as experiências de histerese para a amostra de concentração x= 0,03 foram realizadas na gama de 11% a 97% de HR. Houve uma tentativa de traçar curvas de adsorção e dessorção em igual proporção de 11% a 97% HR, enquanto que o oposto também foi tentado. A adsorção leva menos tempo do que a dessorção, pelo menos externamente. Isto indica que as respostas exotérmicas e endotérmicas ocorrem a taxas diferentes durante a adsorção e a dessorção, resultando numa impedância marginalmente menor durante a dessorção do que durante a adsorção. A histerese de humidade mais extrema também pode ser vista na figura, que é aproximadamente 3% a 55 por cento de RH.

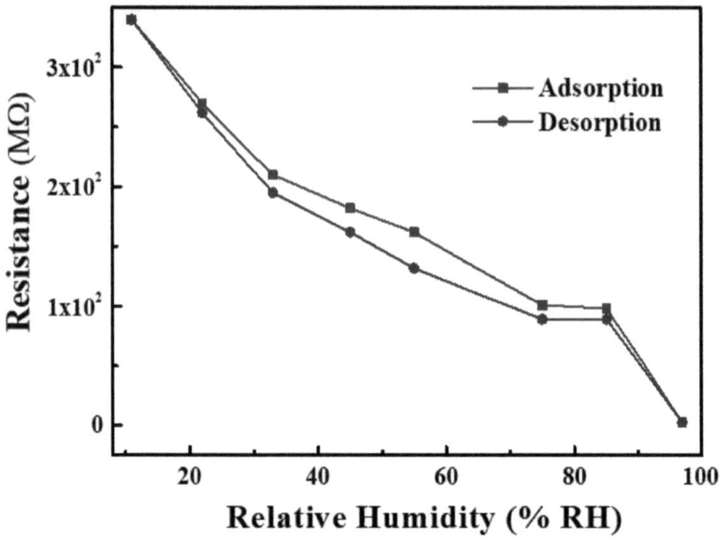

Fig. 5.13 A curva de histerese de humidade para $CuBi_x Fe O_{2-x4}$ (onde x= 0) NPs.

5.4 Conclusões

$CuBi_x Fe O_{2-x4}$ (onde x= 0 a 0,03) NPs foram fabricadas utilizando um processo SCS que utiliza uma mistura de combustíveis. A 39,01o e 48,95o, foram descobertas fases secundárias de Fe2O3, sugerindo que as amostras são de espinélio cúbico. O tamanho médio dos cristais diminui com o aumento do conteúdo de bismuto devido à deformação da malha. Os micrografos TEM (Transmission Electron Microscopy) confirmaram a presença de aglomeração. Um padrão de difracção de electrões, conhecido como padrão SAED, mostra que a substância é policristalina. As propriedades magnéticas suaves dos materiais são confirmadas pela sua magnetização dependente do campo. Há uma queda nas características magnéticas como Ms, Mr, Hc e S quando a concentração de Bi3+ cresce. O magnetismo é reduzido quando os iões Bi3+ são movidos de locais B para A.

A humidade residual causa um declínio nos valores de resistência, mas um aumento na capacidade de resposta de detecção. As diferenças na reacção de detecção e na duração da cura são difíceis de discernir. Isto significa que estas amostras podem ser utilizadas para construir sensores. A investigação da histerese mostra que o processo de dessorção é inferior ao processo de adsorção, de acordo com os resultados. Os sensores de humidade com níveis mais elevados de CuFe2O4 Bi-substituído têm uma melhor estabilidade da temperatura ambiente. A bateria e o equipamento eléctrico podem utilizar ferritas que têm uma resposta de baixa sensibilidade.

Capítulo 6

6. Resumo e Conclusões

Eu doped CuFe O$_{24}$

Foi utilizada uma variedade de combustíveis para criar o CuEu$_x$ Fe$_{2-x}$ Eu O$_{x4}$ (x= 0 a 0,03) NPs. Existem apenas algumas fases de impureza observadas nos padrões XRD a 38,87° e 48,96°, indicando uma estrutura cúbica de espinélio. A imagem SEM indica a formação de grãos de espuma seca e a estrutura porosa da amostra durante todo o processo de combustão. As amostras foram analisadas utilizando micrográficos SEM para determinar o tamanho médio dos grãos. A composição de uma amostra foi calculada através da análise EDS. As propriedades dieléctricas alteram-se em frequência. Os grãos são mais importantes do que as bordas do grão quando se trata de ferrite de cobre. Os raios dos semicírculos encolhem à medida que a concentração aumenta, indicando uma redução no relaxamento. Concentrações de humidade mais elevadas têm uma resposta de detecção de humidade mais forte do que a menor. Verificou-se que os tempos de resposta e de curva de recuperação eram superiores aos de amostras semelhantes de ferrite de outros laboratórios. Para aplicações de sensores, a amostra é altamente estável a concentrações maiores e tem uma forte resposta de detecção. As amostras de baixa sensibilidade podem ser utilizadas em aplicações electrónicas e de bateria.

Eu-Sc doped CuFe2O4:

A confirmação é fornecida por padrões de difracção de raios X de nanopartículas CuEuxFe2-(x+y)O4 (x=0 a 0,03). Os picos de difracção a 39o e 49o, respectivamente, mostram as fases secundárias de Fe2O3. Devido ao doping de Fe^{3+} (0,645 Å) iões por

Eu^{3+} (0,99 Å) iões e Sc^{3+} (0,75 Å) iões, os parâmetros da malha mudaram um pouco à medida que a concentração de Eu^{3+} e Sc^{3+} aumentou. Os micrografos revelaram partículas esféricas fortemente aglomeradas. O carácter muito poroso é também confirmado pelos micrografos SEM. A criação da estrutura cúbica do espinélio é confirmada por espectros FTIR. As características dieléctricas e a condutividade foram investigadas para a dependência de frequência. medida que a frequência aumentava, verificou-se que as características dieléctricas se deterioravam. Os espectros de impedância foram dissecados para os seus componentes reais e fictícios. Apenas um semicírculo é incluído numa amostra, de acordo com o Cole-Cole. A curvatura de um arco é determinada pela sua impedância eléctrica e, indirectamente, pela sua condutividade eléctrica, traçando um gráfico no gráfico Cole-Cole. A propriedade ferromagnética suave pode ser mostrada através de um laço de histerese magnética. Como a concentração de Eu-Sc subiu, o mesmo aconteceu com a magnetização de saturação, coercividade, e magnetização de remanência. As amostras que têm uma natureza magnética suave são adequadas para aplicações relacionadas com a potência devido à estimativa de Hc mais baixa. É excepcionalmente rápido, quando comparado com outras concentrações, detectar a humidade. Em termos de períodos de resposta e recuperação, esta amostra de ferrite estava ao nível de outras do seu género . Para aplicações de sensores, a amostra é muito estável a concentrações maiores e tem uma resposta de detecção robusta.

CuFe2O4 bi dopado:

CuBi$_x$ Fe O$_{2-x4}$ (onde x= 0 a 0,03) NPs foram fabricadas utilizando um processo SCS que utiliza uma mistura de combustíveis. Nos padrões XRD, as fases secundárias das amostras cúbicas Spinel exibem Fe2O3 a 39,01o e 48,95o, indicando que as amostras são espinel cúbicas em estrutura. Devido à distorção da malha, o tamanho médio dos cristais diminui à medida que a concentração de bismuto aumenta. As micrografias electrónicas de transmissão (TEM) revelaram a presença de aglomerações. A natureza policristalina do material é mostrada pelo padrão SAED (Selected Area Electron Diffraction). Dielectricidade e condutividade foram investigadas para a dependência de frequência. Descobriu-se que quando a frequência aumentava, as propriedades dieléctricas diminuíam. A condutividade da corrente alternada (CA) aumentava com o aumento da frequência. O carácter magnético suave dos materiais é confirmado pela sua magnetização dependente do campo. Propriedades magnéticas como M_s , M_r , H_c , S, K_u , e K_c diminuem quando a concentração de Bi^{3+} aumenta. A transferência de iões Bi3+ de sítios B para sítios A reduz o magnetismo. A humidade residual causa um declínio nos valores de resistência, mas um aumento na capacidade de resposta de detecção. As diferenças na reacção de detecção e duração da cura são difíceis de discernir. Como resultado, os sensores podem ser construídos utilizando estas amostras. Em experiências de histerese, descobriu-se que o processo de dessorção é significativamente menos eficiente do que o processo de adsorção. Os sensores de humidade CuFe2O4 bi-substituídos são mais estáveis à temperatura ambiente. Como alternativa, baterias e equipamento electrónico podem fazer uso de ferritas com baixa resposta de detecção.

Recomendações para Investigação Adicional

1. Outros CuFe2O4 NPs dopados com metais raros e de transição gerados pela combustão de soluções serão estudados pelas suas características estruturais, magnéticas, de detecção de humidade e eléctricas para uma variedade de potenciais aplicações de sensores.

2. Efeitos da irradiação gama, electrões e iões sobre a terra rara e o metal de transição dopado CuFe2O4 NPs e explicar as perturbações nas características estruturais, magnéticas e eléctricas para aplicações espaciais

3. Estudo dos efeitos induzidos pela radiação sincrotrónica em terras raras e metal de transição dopado CuFe O_{24} NPs úteis para instrumentação

Referências

1. J. Smit e H. P. J. Wijn Ferrites (Biblioteca Técnica Philips, Eindhoven, 1959).

2. A.B. Gadkari, T.J. Shinde, P.N. Vasambekar, Mater.Chem. Phys. 114(2009) 505.

3. H. L. Penman, Humidity, The Institute of Physics, Londres, 1955.

4. F. W. Gole, Introduction to Meteorology, John Wiley & Sons Inc., New York, 1970.

5. Martha Pardvi Horvath, J. Magn. Magn. Mater. 215-216 (2) (2000)171

6. E.C. Snelling "Soft Ferrites, Properties and Applications". Butterworth and Co. (Publishers) Ltd. Londres (1988).

7. A. Goldman, "Modern Ferrite Technology" Van Nostrand Reinhold, Nova Iorque (1990).

8. Noboru Ichinose, "Introduction to Fine Ceramics", Ohmsha (Publishers) Ltd. Japão (1987).

9. Du-Bois H.E. Phil. Mag. 29 (1980) 293.

10. Weiss P., J. de. Phy. 6 (1907) 661.

11. S.G. Kakade, Y.-R. Ma, R.S. Devan, Y.D. Kolekar, C.V. Ramana, J. Phys. Chem. C 120 (2016) 5682–5693.

12. Shahid Khan Durrani, Sumaira Naz, Mazhar Mehmood, Muhammad Nadeem, Muhammad Siddique, J.Saudi Chem. Soc. 21 (2017) 899-910.

13. Gagan Kumar, Sucheta Sharma, R.K. Kotnala, Jyoti Shah, Sagar E. Shirsath, Khalid M. Batoo, M. Singh, J. Mol. Struct. 1051 (2013) 336–344.

14. S.F. Mansour, M.A. Elkestawy, Ceram. Int. 37 (2011) 1175-1180.

15. J. Luo, Y. Xu, H. Mao, J. Magn. Magn Mater. 381 (2015) 365–371.

16. E.H. Borai, M.G. Hamed, A.M. El-Kamash, M.M. Abo-Aly, J. Mol. Liq. 255

(2018) 556–561.

17. M.K. Lima-Tenorio, E.T. Tenorio-Neto, F.P. Garcia, C.V. Nakamura, M. R. Guilherme, E.C. Muniz, E.A. Pineda, A.F. Rubira, J. Mol. Liq. 210 (2015) 100–105.

18. Su-won Yang, Kwang-pil Jeong, e Jeong-gon Kim, Advances in Mater. Sci. Eng. 2017, Artigo ID 2619749. https://doi.org/10.1155/2017/261974919 R. Bavandpour, H. Karimi-Maleh, M. Asif, V.K. Gupta, N. Atar, M. Abbasghorbani, J. Mol. Liq. 213 (2016) 369–373.

20. N. Rezlescu, E. Rezlescu, P. D. Popa, F. Tudorache, J. Optoelectron. Adv. M. 7 (2005) 907 - 910.

21. V. Manikandan, S. Sikarwar, B.C. Yadav, S. Vigneselvan, R.S. Mane, J. Chandrasekaran, Ali Mirzaei, Mater. Chem. e Phys. 229 (2019) 448-452.

22. R.K. Kotnala, Jyoti Shah, Bhikham Singh, Hari kishan, Sukhvir Singh, S.K. Dhawan, A. Sengupta, Sensor Actuat. B Chem. 129 (2008) 909–914.

23. A. B. Gadkari, T. J. Shinde & P. N. Vasambekar, J. Mater. Sci: Mater. Electron. 21 (2010) 96.

24. Ovidiu Caltun, G.S.N. Rao, K.H. Rao, B. Parvatheeswara Rao, Ioan Dumitru, Chong-OhKim, Cheol GiKim, J. Magn. Magn. Mater. 316 (2007) 618-620

25. K. Arshaka, K. Twomey e D. Egan, Sensors 2 (2002) 50-61.

26. Florin Tudorache, Iulian Petrila, J. Electron. Mater. 43 (2014) 3522–3526.

27. Richa Srivastava, Int. J. Innov. Res. Sci. Eng. Technol. 2 (2013) 6567-6571.

28. R.K. Kotnala, Jyoti Shah, Bhikham Singh, Harikishan, Sukhvir Singh, S.K. Dhawan, A. Sengupta, Sens. Actuadores B Chem. 129 (2008) 908-914.

29. L. Wu, C. Wu, J.C. Her, J. Mater. Sci. 26 (1991) 3874-3878.

30. A. Cavalieri, T. Caronna, I. Natali Sora, J.M. Tulliani, Ceram. Int. 38 (2012) 2865-2872

31. P. Chauhan, S. Annapoorni, S.K. Trikha, Thin Solid Films, 346 (1999) 266-268.

32. S. K. Data, P.A. Joy, P.S. Anil Kumar, B. Sahoo, W. Keune, Physica Stat.Sol. (c), 1 (2004) 3495–3498.

33. C.W. Kim e J.G. Koh, J. Kor. Phys. Soc., 41 (2002) 364-367.

34. Z. Xin, H. Zhi-Ling, L. Feng e Q. Xin, Chin. Phys. Lett., 27 (2010) 117501-117506.

35. E.M.M. Ewais, M.M. Hessien, A.A. El-Geassy, J. Aust. Ceram. Soc., 44 (2008) 57-62.

36. E.V. Gopalan, I.A. Al-Omari, K.A. Malini, P.A. Joy, D. Sakthi Kumar, Yasuhiko Yoshida, M.R. Anantharaman, J. Magn. Magn. Mater., 321 (2009) 1092-1099.

37. M. Feder, L. Diamandesc, I. Bibicu, O.F. Caltun, I. Dumitru, L. Boutiuc, H. Chiriac, N. Lupu, V. Vilceanu, M. Vilceanu, IEEE Trans. Mag., 44 (2008) 2936-2939.

38. A. Thakur, P. Thakur, Jen-Hwa Hsu, IEEE Trans. Mag., 47 (2011) 4336-4339.

39. S.H. Yu, T. Fujino, M. Yoshimura, J. Magn. Magn. Mater., 256 (2003) 420-424.

40. L. Kumar e M. Kar, IEEE Trans. Mag., 47 (2011) 3645-3648.

41. J. Liu, H. He, X. Jin, Z. Hao, Z. Hu, Mater. Res. Bull., 36 (2001) 2357-2363.

42. M. R. Barati, S.A. Seyyed Ebrahimi, R. Dehghan, IEEE Trans. Mag., 45 (2009) 2561-2564.

43. C. W. Fu, et al, J. Appl. Phys., 107 (2010) 09A519-09A521.

44. A.C. Razzitte, S.E. Jacobo, J. Appl. Phys., 87 (2000) 6232-6234.

45. P. Mathur, A. Thakur, M. Singh, Mater. Sci., 42 (2007) 8189-8192.

46. B.P. Rao, O.F. Caltun, J. Optoelectron. Adv. Mater., 8 (2006) 991-994.

47. S. Kumar, T. Shinde, P. Vasambekar, Int. J. Appl. Ceram. Tech., 12 (2015) 851-859.

48. B.L. Cushing, V.L. Kolesnichenko, C.J. O'Connor, Chem. Rev., 104 (2004) 3893-3946.

49. A. Goldman, Modern Ferrite Technology, Springer, Nova Iorque, (2006) 168.

50. S. Chikazumi, Physics of ferromagnetism, Clarendon Press, (1997)134-136.

51. Z. Wang, Y. Liu, Z. Zhang, Handbook of nanophase and nanostructured materials-synthesis, Tshinhua University Press, (2003) 67-68.

52. K.M. Srinivasamurthy, JagadeeshaAngadi V, S.P. Kubrin, Shiddaling Matteppanavar, D.A. Sarychev, P. Mohan Kumar, Haileeyesus Workineh Azale, B.Rudraswamya, Ceram. Int.,44 (2018) 9194-9203.

53. K.M. Srinivasamurthy, V. Jagadeesha Angadi, S.P. Kubrin, Shiddaling Matteppanavar, D. A. Sarychev, B. Rudraswamy, J. Supercond. Nov. Magn., 32(2019) 693-704.

54. K.M. Srinivasamurthy, V. JagadeeshaAngadi, S.P. Kubrin, Shidaling Matteppanavar, P. Mohan Kumar, B. Rudraswamy, Ceram. Int.,44 (2018) 18878-18885.

55. L.P. Babu Reddy, R. Megha, H.G. Raj Prakash, Y.T. Ravikiran, C.H.V.V. Ramana, S.C. Vijaya Kumari e D. Kim, Inorg. Chem. Commun. 99 (2019) 180-188.

56. V. Jeseentharani, Mary George, B. Jeyaraj, A. Dayalan e K.S. Nagaraja,   J. Exp. Nanosci. iFIrst (2012) 1-13.

57. B. Chethan, H.G. Raj Prakash, Y.T. Ravikiran, S.C. Vijayakumari, S. Thomas, Sens. Actuadores B Chem. 296 (2019) 126639.

58. B. Jansi Rani, B. Saravanakumar, G. Ravi, V. Ganesh, S. Ravichandran, R. Yuvakkumar, J Mater Sci: Mater Electron. 29 (2018) 1975–1984.

59. K.M. Srinivasamurthy, V.Jagadeesha Angadi, S.P. Kubrin, Shidaling Matteppanavar, P. Mohan Kumar, B. Rudraswamy, Ceram. Int. 44 (2018) 18878-18885

60. C.C. Naik, A.V. Salker, Journal of Physics and Chemistry of Solids, 133 (2019) 151-162.

61. J. Kurian, M.J. Mathew, J. Magn. Magn. Mater. 451 (2017) 121-130.

62. K. Manjunatha, I. C. Sathish, S. P. Kubrin, A. T. Kozakov, T. A. Lastovina, A. V. Nikolskii, K. M. Srinivasamurthy, Mehaboob Pasha, V. Jagadeesha Angadi, J Mater Sci: Mater Electron. 30 (2019) 10162-10171.

63. Jagadeesha Angadi V, Shidaling Matteppanavar, Raju B. Katti, B. Rudraswamy, e K. Praveena, AIP Conf Proc. 1832, 130040 (2017)

64. V. Jagadeesha Angadi, B. Rudraswamy, K. Sadhana, S.Ramana Murthy, K. Praveen, J. Alloys Compd. 656 (2016) 5-12.

65. Israa Othman, Mohammad Abu Haija, Issam Ismail, Jerina Hisham Zain, Fawzi Banat, Mater. Chem. Phys. 238 (2019) 121931.

66. K M Srinivasamurthy, K Manjunatha, E I Sitalo, S P Kubrin, I C Sathish, S Matteppanavar, B. Rudraswamy e V Jagadeesha Angadi, Indian J. Phys. 1 (2018) 1-12.

67. Jagadish K. Galivarapu, D. Kumar, A. Banerjee, V. Sathe, Giuliana Aquilanti e Chandana Rath, RSC Adv. 6 (2016) 63809-63819.

68. A. Sakthisabarimoorthi, S.A. Martin Britto Dhas, R. Robertb M. Jose, Mater. Res. Bull. 106 (2018) 81–92.

69. Elaa Oumezzine, Sobhi Hcini, F.I.H. Rhouma, Mohamed Oumezzine, J. Alloys Compd. 726 (2017) 187-194

70. N. Sivakumar, A. Narayanasamy, K. Shinoda, C. N. Chinnasamy, B. Jeyadevan et al. J. Appl. Phys. 102 (2007) 013916.

71. V. Jagdeesha Angadi, Leema Choudhury, K. Sadhana, Hsiang-Lin Liu, R. Sandhya, Shidaling Matteppanavar, B. Rudraswamy, Vinayak Pattar, R.V. Anavekar, K. Praveena, J. Magn. Magn. Mater. 424 (2017) 1-11.

72. B. Chethan, H.G. Raj Prakash, Y.T. Ravikiran, S.C. Vijayakumari, CH. V. V.Ramana, S. Thomas, Daewon Kim, Talanta, 196 (2019) 337-334.

73. S. Raja, R. Gopinath, A.K. Azhagu Raj, M.S. Shukla, K. Alhoshan, Sivakumar, Phys. E 83, 69-73 (2016).

74. K. Manjunatha, V. Jagadeesha Angadi, Renan A.P. Ribeiro, Elson Longo, Marisa C. Oliveira, Mauricio R.D. Bomio, Sergio R. de Lazaro, Shidaling Matteppanavar, S. Rayaprol, P.D. Babu, Mahaboob Pasha, J. Magn. Magn. Mater. 502 (2020) 166595.

75. W. Ponhan, S. Maensiri, Solid State Sci. 11 (2009) 479-484.

76. I. Litsardakis, K. Manolakis, Efthimiadis, J. Alloys Compd. 427 (2007) 194–198.

77. A.C.F.M. Costa, V.J. Silva, C.C. Xin, D.A. Vieira, D.R. Cornejo, R.H.G.A. Kiminami, J. Alloys Compd. 495, 503–505 (2010).

78. E. Ranjith kumar, R. Jayaprakash, M.S. Seehra, T. Prakash, S. Kumar, J. Phys. Chem. Solids 74, 943-949 (2013).

79. M.M. Hessien, M.M. Rashad, K.EL. Barauy, I.A. Ibrahim, J. Magn. Magn. Mater. 320, 1615 (2008).

80. G. Gan, H. Zhang, Q. Li, J. Li, X. Huang, F. Xie, F. Xu, Q. Zhang, M. Li, T. Liang, J. Alloys Compd. 735 (2018) 2634–2639.

81. K.K. Kefeni, T.A. Msagati, B.B. Mamba, Mat. Eng. Ci. B 215 (2017) 37–55.

82. D.H. Kim, H. Zeng, T.C. Ng, C.S. Brazel, J. Magn. Magn Mater. 321 (2009) 3899–3904.

83. J. Lu, S. Ma, J. Sun, C. Xia, C. Liu, Z. Wang, X. Zhao, F. Gao, Q. Gong, B. Song, Biomater. 30 (2009) 2919–2928.

84. V. Pilati, R. Cabreira Gomes, G. Gomide, P. Coppola, F.G. Silva, F.L. Paula, R. Perzynski, G.F. Goya, R. Aquino, J. Phys. Chem. C 122 (2018) 3028–3038.

85. N. Sanpo, C.C. Berndt, C. Wen, J. Wang, Acta Biomater. 9 (2013) 5830–5837.

86. I. Sharifi, H. Shokrollahi, S. Amiri, J. Magn. Magn Mater. 324 (2012) 903–915.

87. Ravi Bharamagoudar, Shidaling Matteppanavar, Anil S Patil, Vinayak Pattar, Jagadeesha Angadi V, K. Manjunatha, chem. col. 24 (2019) 100288.

88. C. Singh, A. Goyal, S. Singhal, Nanoscale. 6 (2014) 7959–7970.

89. R. Jasrotia, V.P. Singh, R. Kumar, M. Singh, Ceram. Int. 46 (2020) 618-621.

90. R. Jasrotia, V.P. Singh, B. Sharma, A. Verma, P. Puri, R. Sharma, M. Singh, J. Alloys Compd. (2020) 154687.

91. Y. Liu, S. Wu, H. Ju, L. Xu, Uma revista internacional dedicada aos aspectos fundamentais e práticos da electroanálise. 19 (2007) 986–992.

92. S. More, R. Kadam, A. Kadam, D. Mane, G. Bichile, Open Chem. 8 (2010) 419–425.

93. Najmeh Najmoddin, Ali Beitollahi, Mamoun Muhammed, Narges Ansari, Eamonn Devlin, Seyed Majid Mohseni, Hamidreza Rezaie, Dimitris Niarchos, Johan Akerman, Muhammet S. Toprak, Journal of Alloys and Compounds, 598 (2014) 191-197.

94. S. Pavithradevi, N. Suriyanarayanan, T. Boobalan, J. Magn. Magn Mater. 426 (2017) 137–143.

95. M.K. Satheeshkumar, E. Ranjith Kumarb, Ch. Srinivas, G. Prasad, Sher Singh Meena, I. Pradeep, N. Suriyanarayananan, D.L. Sastry, J. Magn. Magn Mater. 484 (2019) 120–125.

96. K. Manjunatha, V. Jagadeesha Angadi, R. Rajaramakrishna, U. Mahaboob Pasha, J. Supercond. Novel Magn. 33 (2020) 2861-2866. https://doi.org/10.1007/s10948-020-05549-4.

97. L. Andjelković, M. Šuljagić, M. Lakić, D. Jeremić, P. Vulić, Aleksandar. Nikolić, Ceram. Int. 44 (2018) 14163-14168.

98. I.C. Sathisha, K. Manjunatha, Anna Bajorek, B. Rajesh Babu, B. Chethan, T. Ranjeth Kumar Reddy, Y.T. Ravikiran, V. Jagadeesha Angadi, J. Alloys Compd. 848 (2020) 156577.

99. M. Kalyan Raju, Chem. Sci. Trans., 4(1) (2015) 137-142.

100. K. Manjunatha, K.M. Srininivasamurthy C.S. Naveen, Y.T. Ravikiran, E.I. Sitalo, S.P. Kubrin, Siddaling Matteppanavar, N. Sivasankara Reddy, V. Jagadeesha Angadi, J Mater Sci: Mater Electron. 30 (2019) 17202-17217.

101. E. Agouriane, B. Rabi, A. Essoumhi, A. Razouk, M. Sahlaoui, B.F.O. Costa, M. Sajieddine, J. Mater. Environ. Sci. 7 (11) (2016) 4116-4120.

102. K.M. Srinivasamurthy, K. Manjunatha, E.I. Sitalo, S.P. Kubrin, I.C. Sathish, S. Matteppanavar, B. Rudraswamy, V.J. Angadi, Indian J Phys. 94, (2020) 593-604.

103. M.A. Matin, M.N. Hossain, M.A. Ali, M.A. Hakim, M.F. Islamismo, Resultados Phys. 12
(2019) 1653–1659.

104. K. Manjunatha, V. Jagadeesha Angadi, K. M. Srinivasamurthy, Shidaling Matteppanavar, Vinayak K. Pattar e U. Mahaboob Pasha, J. Supercond. Novel Magn. 71 (2020) 1-12.

105. K. Chakrabarti, K. Das, B. Sarkar, S.K. De, J. Appl. Phys. 110 (2011) 103905.

106. S.K. Satpathy, N.K. Mohanty, A.K. Behera, S. Sen, Banarji Behera, P. Nayak J. Electronic Mater. 44 (11) (2015) 4290–4296.

107. V. Jagadeesha Angadi, H.R. Lakshmiprasanna, K. Manjunatha, Investigation of Structural, Microstructural, Dielectrical and Magnetic Properties of Bi^{3+} Doped Manganese Spinel Ferrite Nanoparticles for Photonic Applications, Bismuth -

Fundamentals and Photonic Applications, IntechOpen (2020), ISBN: 978-1-83968-243-8.

108. M. Abhishek, K. Manjunatha, V. Jagadeesha Angadi, E. Melagiriyappa, B.N. Anandaram, H.S. Jayanna, M. Veena, K. Swaroop Acharya, Chem. Recolha de dados. 28 (2020) 100460.

109. M. Yousaf, M.N. Akhtar, B. Wang, A. Noor, Ceram. Int. 46 (2020) 4280-4288.

110. Rohit Jasrotia, Pooja Puri, Ankit Verma, Virender Pratap Singh, J. Solid State Chem. 289 (2020) 121462.

111. M.A. Almessiere, Y. Slimani, A.D. Korkmaz, A. Baykal, H. Güngüneş, H. Sözeri, S.E. Shirsath, S. Güner, S. Akhtar, A. Manikandan, RSC Adv. 9 (2019) 30671-30684.

112. M.A. Almessiere, Y. Slimani, A.D. Korkmaz, N. Taskhandi, M. Sertkol, A. Baykal, S.E. Shirsath, İ. Ercan, B. Ozçelik, Ultrason. Sonochem. 58 (2019) 104621.

113. V.R. Khadse, S. Thakur, K.R. Patil, P. Patil, Sensors Actuators. B Chem. 203 (2014) 229.

114. I.C. Sathisha, K. Manjunatha, V. Jagadeesha Angadi, B. Chethan, Y.T. Ravikiran, Vinayaka K. Pattar, S.O. Manjunatha and Shidaling Matteppanavar, Enhanced Humidity Sensing Response in Eu^{3+} -Doped Iron-Rich CuFe2O4: A Detailed Study of Structural, Microstructural, Sensing, and Dielectric Properties, IntechOpen (2020), ISBN: 978-1-78985-826-6.

115. K.P. Biju, M.K. Jain, Meas. Sci. Technol. 18 (2007) 2991.

116. B. Skolyszewska, W. Tokarz, K. Przybylski, Z. Kakol, Physica C (2003) 38- 290.

117. M. Mahmoudi, S. Sant, B. Wang, S. Laurent, T. Sen, Adv. Drug Deliv. Rev. 63 (2010) 24-118. R. H. Kodama, Magnetic nanoparticles, J. Magn. Magn. Mater. 200 (1999) 359-372.

119. H. Mohseni, H. Shokrollahi, Ibrahim Sharifi, Kh. Gheisari, J. Magn. Magn. Mater. 324 (2012) 3741-3747.

120. Pranav P. Naik, R.B. Tangsali, J. Alloys Compd. 723 (2017) 266-275.

121. F. Muthafar, Al-Hilli, Sean Li, Kassim S. Kassim, Mater. Chem. Phys. 128 (2011) 127-132.

122. M.A. Ahmed, E. Ateia, S.I. El-Dek, Mater. Lett. 57 (2003) 4256-4266.

123. Bharat Kataria, P.S. Solanki, Uma Khachar, Megha Vagadia, Ashish Ravalia, M. J. Keshvani, Priyanka Trivedi, D. Venkateshwarlu, V. Ganesan, K. Asokan, N. A. Shah, D.G. Kuberkar, Rad. Phys. Chem. 85 (2013) 173.

124. Pranav P. Naik, R.B. Tangsali, S.S. Meena, S.M. Yusuf, Mater. Chem. Phys. 191 (2017) 215-224.

125. C. Rath, P. Mohanty, J. Supercond. Novel Magn. 24 (2010) 629.

126. Muhammad Younis, Murtaza Saleem, Shahid Atiq, Shahzad Naseem, Ceram. Int. 44 (2018) 10229.

127. D.P. Dutta, J. Manjanna, A.K. Tyagi, J. Appl. Phys. 106 (2009) 043915.

128. M. Purnanandam, T. Bhimasankaram, S.V. Suryanarayana, J. Mater. Sci. 26 (1991) 6131-6134.

129. R.S. Pandav, R.P. Patil, S.S. Chavan, I.S. Mulla, P.P. Hankare, J. Magn. Magn. Mater. 417 (2016) 407–412.

130. Shyam K. Gore, Rajaram S. Mane, Mu. Naushad, Santosh S. Jadhav, Manohar K. Zate, Z. A. Alothmanc, Biz K.N. Hu,   Dalton Trans. 44 (2015) 6384–6390.

131. Safia Anjum, Fatima Sehar, M. S. Awan, Rehana Zia, Applied Physics A, 122 (2016) 436.

132. Pradeep Chavan, L.R. Naik, P.B. Belavi, G.N. Chavan, R.K. Kotnala, J. Alloys Compd. 694 (2017) 607-612.

133. A. Abidin, Naveed Ahmad, Majid Niaz Akhtar, Muhammad Shahid Nazir, M.S. Hussain, Journal of Electronic Materials, 49 (2020) 807-818.

134. S. Pratibha, B. Chethan, Y.T. Ravikiran, N.Dhananjaya, V. Jagadeesh Angadi, Sensores e Actuadores A: Físicos, 304 (2020) 111903.

135. L.P. Babu Reddy, R. Megha, H.G. Raj Prakash, Y.T. Ravikiran, C.H.V.V. Ramana, S.C. Vijaya Kumari, Inorg. Chem. Commun. 99 (2019) 180-188.

136. V. Jeseentharani, M. George, B. Jeyaraj, A. Dayalan, K.S. Nagaraja, J.   Exp. Nanosci. 8 (2012) 1-13.

yes
I want morebooks!

Buy your books fast and straightforward online - at one of world's fastest growing online book stores! Environmentally sound due to Print-on-Demand technologies.

Buy your books online at
www.morebooks.shop

Compre os seus livros mais rápido e diretamente na internet, em uma das livrarias on-line com o maior crescimento no mundo! Produção que protege o meio ambiente através das tecnologias de impressão sob demanda.

Compre os seus livros on-line em
www.morebooks.shop

Printed by Books on Demand GmbH, Norderstedt / Germany